Alfred Böge

Technologie/Technik Formelsammlung

Für Fachgymnasien und Fachoberschulen

9., überarbeitete Auflage

Viewegs Fachbücher der Technik

vieweg

Bibliografische Information der Deutschen Bibliothek
Die Deutsche Bibliothek verzeichnet diese Publikation in der Deutschen Nationalbibliographie; detaillierte bibliografische Daten sind im Internet über <http://dnb.ddb.de> abrufbar.

1. Auflage 1981
2., verbesserte Auflage 1982
3., erweiterte und verbesserte Auflage 1983
4., erweiterte und durchgesehe Auflage 1986
5., erweiterte und durchgesehe Auflage 1983
6., überarbeitete Auflage 1990
7., überarbeitete Auflage 1994
8., überarbeitete Auflage April 2001
9., überarbeitete Auflage Oktober 2005

Lektorat: Thomas Zipsner

Der Vieweg Verlag ist ein Unternehmen von Springer Science+Business Media.
www.vieweg.de

Umschlaggestaltung: Ulrike Weigel, www.CorporateDesignGroup.de
Technische Redaktion: Andreas Meißner, Wiesbaden

Gedruckt auf säurefreiem und chlorfrei gebleichtem Papier

ISBN-13: 978-3-528-84403-5 e-ISBN-13: 978-3-322-85082-9
DOI: 10.1007/978-3-322-85082-9

Inhaltsverzeichnis

Wie wird *zeichnerisch* die Resultierende F_r ermittelt?	Lageplan des frei gemachten Körpers mit den Wirklinien der gegebenen Kräfte zeichnen;

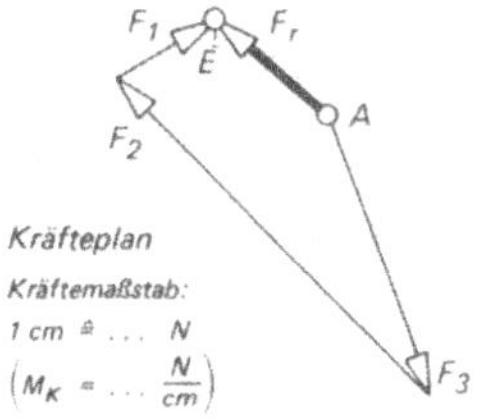

Kräfteplan der gegebenen Kräfte F_1, F_2, F_3 zeichnen durch Parallelverschiebung der Wirklinien aus dem Lageplan in den Kräfteplan;

Kräfte F_1, F_2, F_3 in beliebiger Reihenfolge maßstabgerecht aneinander reihen, sodass sich ein fortlaufender Kräftezug ergibt;

Resultierende F_r zeichnen als Verbindungslinie *vom* Anfangspunkt A der zuerst gezeichneten *zum* Endpunkt E der zuletzt gezeichneten Kraft.

Wie wird *rechnerisch* die Resultierende F_r ermittelt?

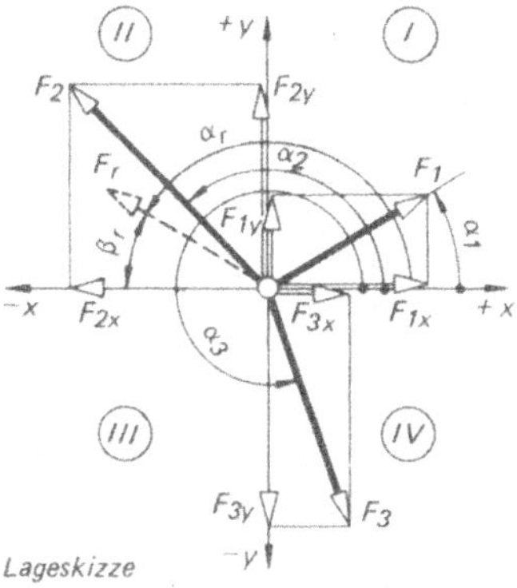

Lageskizze mit den Komponenten der gegebenen Kräfte zeichnen;

mit folgender Tabelle die Komponenten F_x, F_y für jede Kraft berechnen:

n	F_n	α_n	$F_{nx} = F_n \cos \alpha_n$	$F_{ny} = F_n \sin \alpha_n$
1	8 N	30°	6,928 N	4 N

Für α_n ist stets der Winkel einzusetzen, den die Kraft F_n mit der positiven x-Achse einschließt (Richtungswinkel).

Die Teilresultierenden F_{rx} und F_{ry} ergeben sich durch algebraische Addition:

$$F_{rx} = F_{1x} + F_{2x} + \dots F_{nx} \qquad F_{ry} = F_{1y} + F_{2y} + \dots F_{ny}$$

Die Resultierende $F_{rx} = \sqrt{F_{rx}^2 + F_{ry}^2}$ und deren

Neigungswinkel β_r zur x-Achse berechnen:

$$\beta_r = \arctan \frac{|F_{ry}|}{|F_{rx}|}$$

Quadrantenlage und Richtungswinkel α_r aus den Vorzeichen von F_{rx} und F_{ry} bestimmen.

Wie werden *zeichnerisch* unbekannte Kräfte ermittelt?

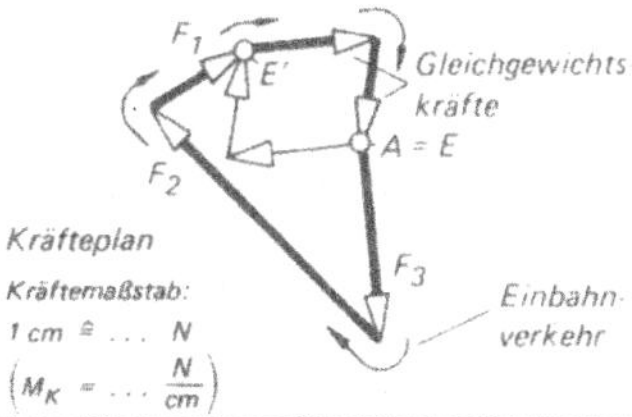

Lageplan des frei gemachten Körpers mit den Wirklinien aller Kräfte zeichnen, auch der noch unbekannten Kräfte;

Kräfteplan der gegebenen Kräfte zeichnen: durch Parallelverschiebung der Wirklinien aus dem Lageplan in den Kräfteplan;

Krafteck mit den Wirklinien der gesuchten Gleichgewichtskräfte „schließen" (Einbahnverkehr!);

Richtungssinn der gefundenen Kräfte im Kräfteplan ablesen und in den Lageplan übertragen.

Wie werden *rechnerisch* unbekannte Kräfte ermittelt?

Es muss sein:

I. $\Sigma F_x = 0$
II. $\Sigma F_y = 0$

Vorzeichen beachten!

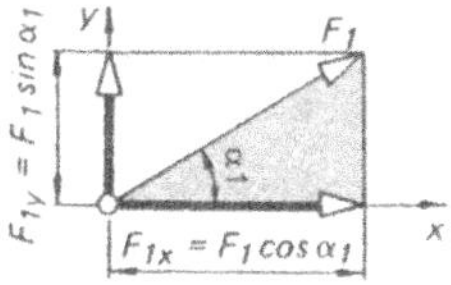

Lageskizze mit den Komponenten aller Kräfte zeichnen, auch der noch unbekannten Kräfte; für diese zunächst den Richtungssinn annehmen;

die Komponenten F_{nx} und F_{ny} der gegebenen Kräfte berechnen:

$$F_{nx} = F_n \cos \alpha_n \qquad F_{ny} = F_n \sin \alpha_n$$

α_n = spitzer Winkel zur x-Achse
Vorzeichen (+) oder (−) aus der Lageskizze entnehmen;

Gleichgewichtsbedingungen mit Hilfe der Lageskizze ansetzen (Vorzeichen beachten!);

Gleichungen auflösen (bei negativem Vorzeichen ist der angenommene Richtungssinn falsch: Gegensinn!);

gefundene Kraftrichtungen in den Lageplan übertragen.

Statik

Wie wird *zeichnerisch* die Resultierende F_r ermittelt? *(Seileckverfahren)*

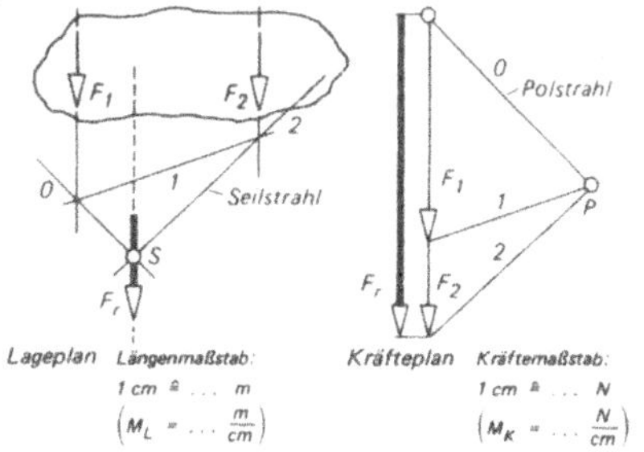

Lageplan Längenmaßstab:
1 cm ≙ ... m
$\left(M_L = \ldots \frac{m}{cm}\right)$

Kräfteplan Kräftemaßstab:
1 cm ≙ ... N
$\left(M_K = \ldots \frac{N}{cm}\right)$

Lageplan des frei gemachten Körpers mit den Wirklinien der gegebenen Kräfte zeichnen;

Kräfteplan der gegebenen Kräfte F_1, F_2 zeichnen: durch Parallelverschiebung der Wirklinien aus dem Lageplan in den Kräfteplan;

Resultierende F_r zeichnen als Verbindungslinie *vom* Anfangspunkt *zum* Endpunkt des Kräftezuges; damit liegen Betrag und Richtungssinn von F_r fest;

Polpunkt P beliebig wählen und Polstrahlen zeichnen;

Seilstrahlen im Lageplan zeichnen: durch Parallelverschiebung aus dem Kräfteplan, dabei ist der Anfangspunkt beliebig;

Anfangs- und Endseilstrahl zum Schnitt S bringen;

Schnittpunkt der Seilzugenden ergibt *Lage* von F_r im Lageplan, *Betrag* und *Richtungssinn* aus dem Kräfteplan.

Wie wird *rechnerisch* die Resultierende F_r ermittelt? *(Momentensatz)*

Lageskizze $F_r = -F_1 - F_2 + F_3 - F_4$

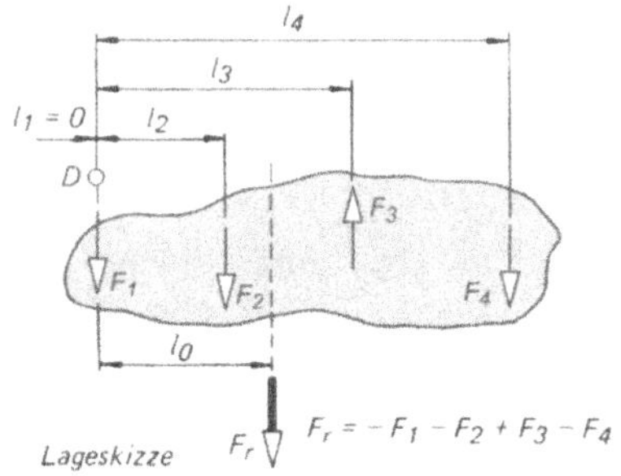

Betrag und *Richtungssinn* der Resultierenden F_r ebenso bestimmen wie beim zentralen Kräftesystem;

Lage der Resultierenden berechnen nach dem *Momentensatz*:

$$F_r l_0 = F_1 l_1 + F_2 l_2 + \ldots F_n l_n$$

darin sind

$F_1, F_2, \ldots, F_n$ die gegebenen Kräfte oder deren Komponenten F_x und F_y

$l_1, l_2, \ldots, l_n$ deren Wirkabstände vom gewählten (beliebigen) Bezugspunkt D

l_0 der Wirkabstand der Resultierenden vom gewählten Bezugspunkt

$F_1 l_1, F_2 l_2, \ldots, F_n l_n$ die Momente der gegebenen Kräfte für den gewählten Bezugspunkt (Vorzeichen beachten!).

3-Kräfte-Verfahren

Drei nicht parallele Kräfte sind im Gleichgewicht, wenn das Krafteck geschlossen ist und die Wirklinien sich in einem Punkte schneiden.

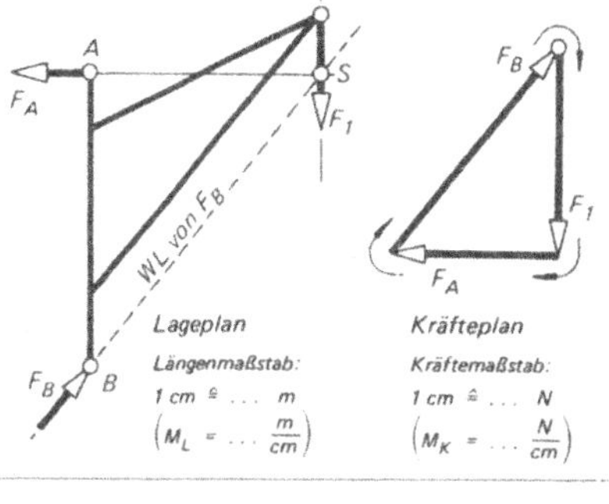

Lageplan Längenmaßstab:
1 cm ≙ ... m
$\left(M_L = \ldots \frac{m}{cm}\right)$

Kräfteplan Kräftemaßstab:
1 cm ≙ ... N
$\left(M_K = \ldots \frac{N}{cm}\right)$

Lageplan des frei gemachten Körpers zeichnen und damit Wirklinien der Belastungen und der einwertigen Lagerkraft F_A festlegen; bekannte Wirklinien zum Schnitt S bringen;

Schnittpunkt S mit zweiwertigem Lagerpunkt B verbinden, womit alle Wirklinien bekannt sein müssen;

Krafteck mit nach Betrag, Lage und Richtungssinn bekannter Kraft F_1 anfangen; Krafteck zeichnen (schließen!);

Richtungssinn der gefundenen Kräfte in den Lageplan übertragen.

4-Kräfte-Verfahren

Vier nicht parallele Kräfte sind im Gleichgewicht, wenn die Resultierenden je zweier Kräfte ein geschlossenes Krafteck bilden und eine gemeinsame Wirklinie (die Culmann'sche Gerade) haben.

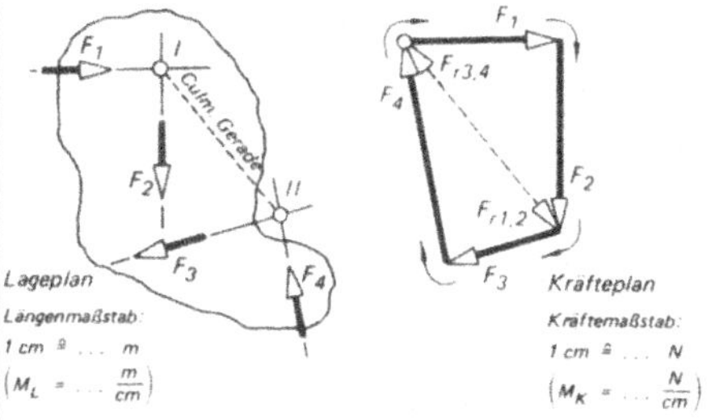

Lageplan des frei gemachten Körpers zeichnen und damit Wirklinien der Belastungen und Lagerkräfte festlegen;

Wirklinien je zweier Kräfte zum Schnitt I und II bringen;

gefundene Schnittpunkte zur Wirklinie der beiden Resultierenden verbinden (der Culmann'schen Geraden);

Kräfteplan mit der nach Betrag, Lage und Richtungssinn bekannten Kraft beginnen;

Die Kräfte eines Schnittpunktes im Lageplan ergeben ein Teildreieck im Kräfteplan.

Schlusslinienverfahren

ist universell anwendbar, insbesondere für parallele Kräfte bzw. solche, die sich nicht auf dem Zeichenblatt zum Schnitt bringen lassen.

Seileck und Krafteck müssen sich schließen!

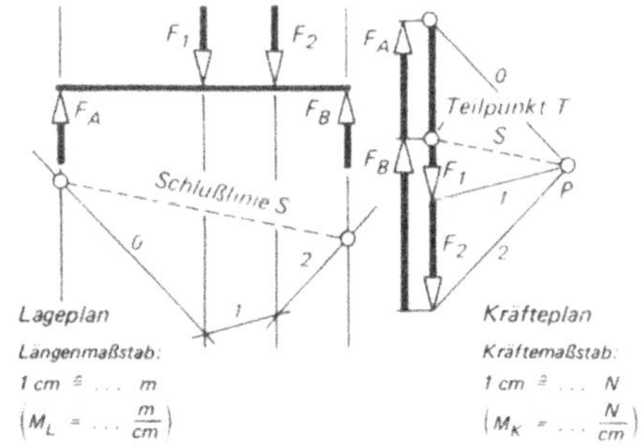

Lageplan des frei gemachten Körpers mit Wirklinien aller Kräfte zeichnen;

Krafteck aus den gegebenen Belastungskräften zeichnen;

Pol *P* beliebig wählen;

Polstrahlen zeichnen;

Seilstrahlen im Lageplan zeichnen, Anfangspunkt bei parallelen Kräften beliebig, sonst Anfangsseilstrahl durch Lagerpunkt des zweiwertigen Lagers legen;

Anfangs- und Endseilstrahl mit den Wirklinien der Stützkräfte zum Schnitt bringen;

Verbindungslinie der gefundenen Schnittpunkte als „Schlusslinie" im Seileck zeichnen;

Schlusslinie *S* in den Kräfteplan übertragen, damit Teilpunkt *T* festlegen;

Stützkräfte nach zugehörigen Seilstrahlen in das Krafteck einzeichnen.

Wie werden *rechnerisch* unbekannte Kräfte ermittelt?

Es muss sein:

$$\begin{array}{lll} \text{I. } \Sigma F_x = 0 & & \Sigma M_{(\mathrm{I})} = 0 \\ \text{II. } \Sigma F_y = 0 & \text{oder} & \Sigma M_{(\mathrm{II})} = 0 \\ \text{III. } \Sigma M = 0 & & \Sigma M_{(\mathrm{III})} = 0 \end{array}$$

Die Momentengleichgewichtsbedingungen können für jeden beliebigen Punkt (auch außerhalb des Körpers) angesetzt werden!

Lageskizze des frei gemachten Körpers zeichnen;

rechtwinkliges Achsenkreuz so legen, dass möglichst wenig Kräfte zerlegt werden müssen;

alle Kräfte – auch die noch unbekannten – in ihre Komponenten zerlegen;

Gleichgewichtsbedingungen ansetzen.

Meist enthält Gleichung III nur eine Unbekannte; damit beginnen.

Auch der dreimalige Ansatz der Momentengleichgewichtsbedingung führt zum Ziel. Aber: Die drei Punkte I, II, III dürfen nicht auf einer Geraden liegen.

Schwerpunktbestimmung

Momentensatz für zusammengesetzte Flächen (Bohrungen haben entgegengesetzten Drehsinn!)

$$A\,x_0 = A_1 x_1 + A_2 x_2 + \ldots + A_n x_n$$
$$A\,y_0 = A_1 y_1 + A_2 y_2 + \ldots + A_n y_n$$

n	A_n	x_n	y_n	$A_n x_n$	$A_n y_n$
1					
2					
3					
	$A = \Sigma A_n$			$\Sigma A_n x_n =$	$\Sigma A_n y_n =$

$A_1, A_2 \ldots$ die bekannten Teilflächen in mm^2 oder cm^2

$x_1, x_2 \ldots$ / $y_1, y_2 \ldots$ die bekannten Schwerpunktsabstände der Teilflächen von den Bezugsachsen in mm oder cm

A die Gesamtfläche ($A_1 + A_2 + \ldots + A_n$) in mm^2 oder cm^2

x_0, y_0 die Schwerpunktsabstände der Gesamtfläche von den Bezugsachsen in mm oder cm

Momentensatz für zusammengesetzte Linienzüge

$$l\,x_0 = l_1 x_1 + l_2 x_2 + \ldots + l_n x_n$$
$$l\,y_0 = l_1 y_1 + l_2 y_2 + \ldots + l_n y_n$$

n	l_n	x_n	y_n	$l_n x_n$	$l_n y_n$
1					
2					
3					
	$l = \Sigma l_n$			$\Sigma l_n x_n =$	$\Sigma l_n y_n =$

$l_1, l_2 \ldots$ die bekannten Teillängen in mm oder cm

$x_1, x_2 \ldots$ / $y_1, y_2 \ldots$ die bekannten Schwerpunktsabstände der Teillinien von den Bezugsachsen in mm oder cm

l die Gesamtlänge ($l_1 + l_2 + \ldots + l_n$) des Linienzuges in mm oder cm

x_0, y_0 die Schwerpunktsabstände der Linienzuges von den Bezugsachsen in mm oder cm

Flächenschwerpunkt

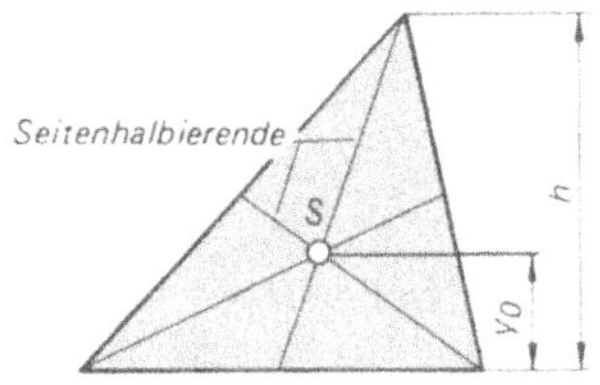

$$y_0 = \frac{h}{3}$$

Dreieckschwerpunkt

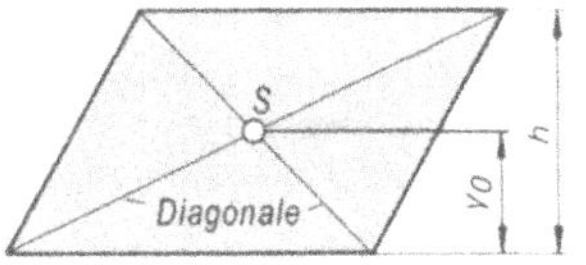

$$y_0 = \frac{h}{2}$$

Parallelogrammschwerpunkt

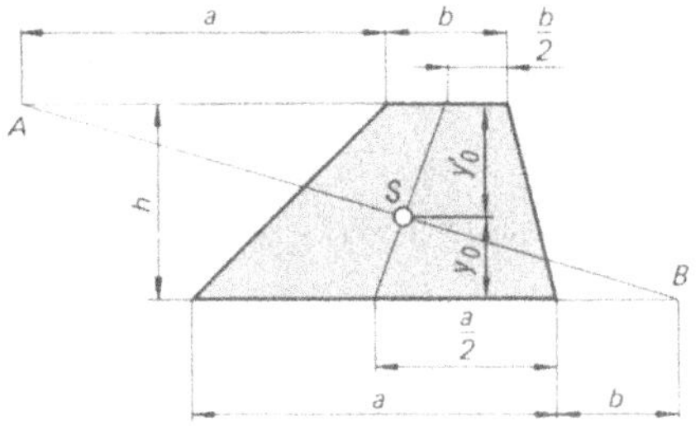

Trapezschwerpunkt

$$y_0 = \frac{h}{3} \cdot \frac{a + 2b}{a + b} \qquad y'_0 = \frac{h}{3} \cdot \frac{2a + b}{a + b}$$

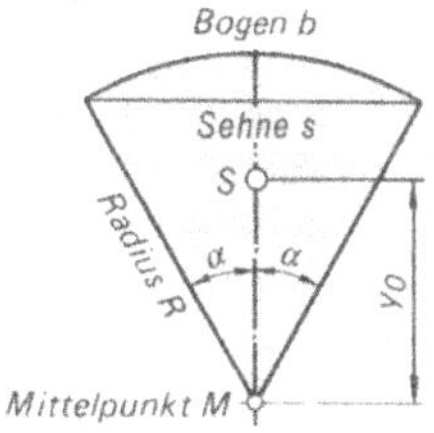

Kreisausschnitt-Schwerpunkt

$$y_0 = \frac{2}{3} \cdot \frac{Rs}{b} \qquad b = \frac{2R\alpha°\pi}{180°} \qquad s = 2R\sin\alpha$$

$y_0 = 0{,}4244\,R$ für Halbkreisfläche
$y_0 = 0{,}6002\,R$ für Viertelkreisfläche
$y_0 = 0{,}6366\,R$ für Sechstelkreisfläche

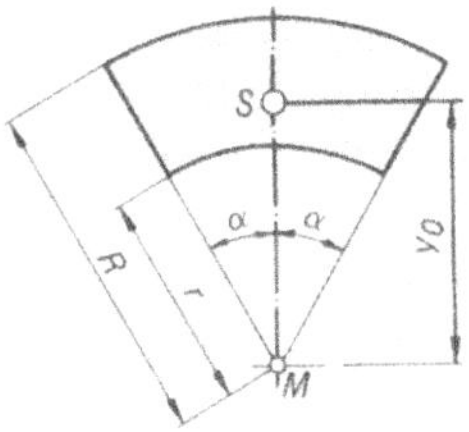

Kreisringstück-Schwerpunkt

$$y_0 = 38{,}197 \cdot \frac{(R^3 - r^3)\sin\alpha}{(R^2 - r^2)\,\alpha°}$$

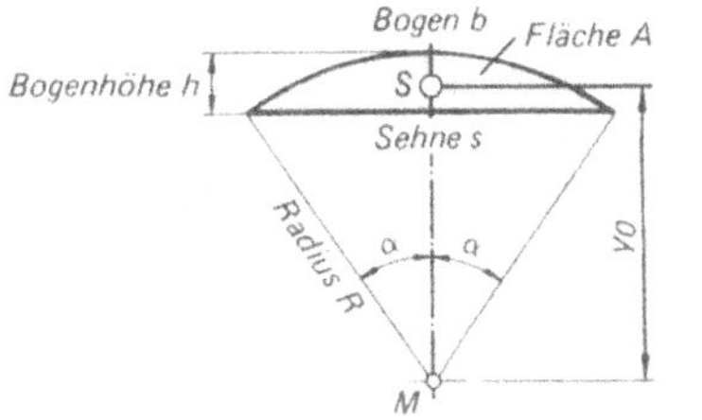

Kreisabschnitt-Schwerpunkt

$$y_0 = \frac{s^3}{12A}$$

$$A = \frac{R(b-s) + sh}{2}$$

$$h = 2R\sin^2(\alpha/2)$$

Linienschwerpunkt

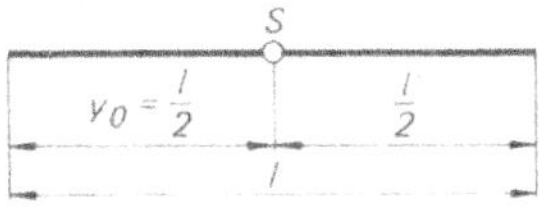

Strecke

$$x_0 = \frac{l}{2}$$

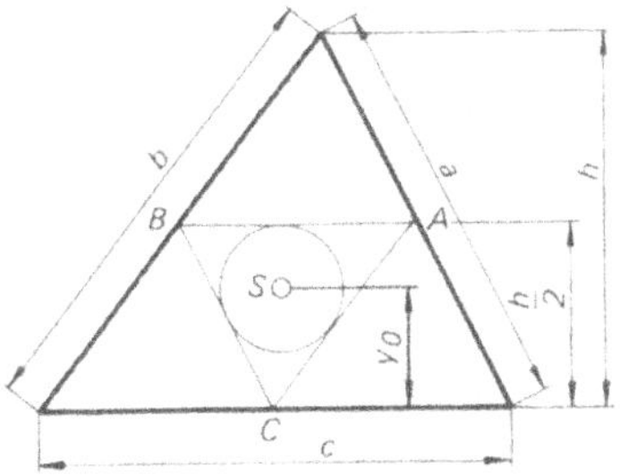

Dreiecksumfang

$$y_0 = \frac{h}{2} \cdot \frac{a+b}{a+b+c}$$

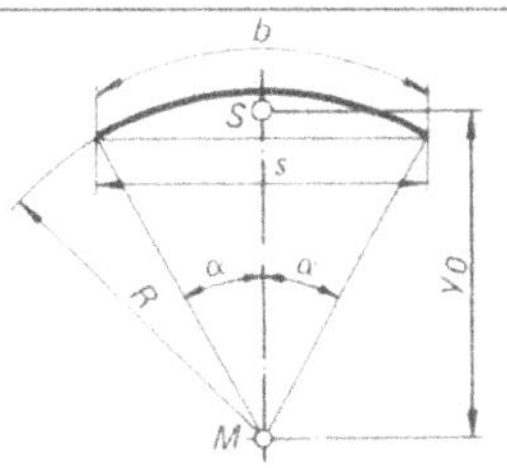

Kreisbogen

$$y_0 = \frac{Rs}{b} \qquad b = \frac{2R\alpha°\pi}{180°} \qquad s = 2R\sin\alpha$$

$y_0 = 0{,}6366\,R$ für Halbkreisbogen
$y_0 = 0{,}9003\,R$ für Viertelkreisbogen
$y_0 = 0{,}9549\,R$ für Sechstelkreisbogen

Guldin'sche Regel

für Mantelfläche (Oberfläche) A

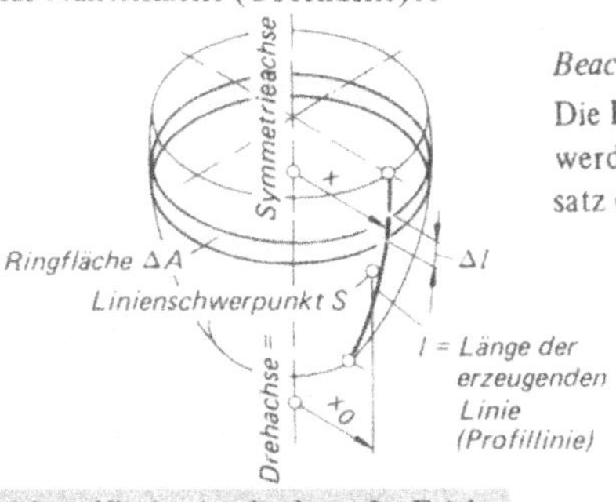

Mantelfläche $A = 2\pi l x_0 = 2\pi \Sigma \Delta l x$

Beachte:
Die Produkte lx_0 und Ax_0 werden mit dem Momentensatz (Seite 4) berechnet.

für Körperinhalt (Volumen) V

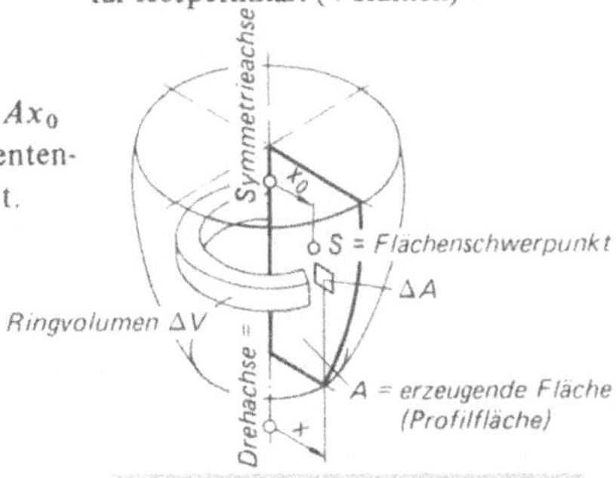

Volumen $V = 2\pi A x_0 = 2\pi \Sigma \Delta A x$

Statik

Reibkraft F_R = Normalkraft F_N · Reibzahl μ

$$F_R = F_N \mu$$

Reibzahl $\mu = \tan \varrho$

ϱ Reibwinkel

maximale Haftreibkraft $F_{R0\,max}$ = Normalkraft F_N · Haftreibzahl μ_0

$$F_{R0\,max} = F_N \mu_0$$

Haftreibzahl $\mu_0 = \tan \varrho_0$

ϱ_0 Haftreibwinkel

Reibzahlen μ_0 und μ
(Klammerwerte sind die Gradzahlen für die Winkel ϱ_0 und ϱ)

Beachte:
$\varrho = \arctan \mu$

Werkstoff	Haftreibzahl μ_0				Gleitreibzahl μ			
	trocken		gefettet		trocken		gefettet	
Stahl auf Stahl	0,15	(8,5)	0,1	(5,7)	0,15	(8,5)	0,01	(0,6)
Stahl auf Gusseisen oder CuSn-Leg.	0,19	(10,8)	0,1	(5,7)	0,18	(10,2)	0,01	(0,6)
Gusseisen auf Gusseisen			0,16	(9,1)			0,1	(5,7)
Holz auf Holz	0,5	(26,6)	0,16	(9,1)	0,3	(16,7)	0,08	(4,6)
Holz auf Metall	0,7	(35)	0,11	(6,3)	0,5	(26,6)	0,1	(5,7)
Lederriemen auf Gusseisen			0,3	(16,7)				
Gummiriemen auf Gusseisen					0,4	(21,8)		
Textilriemen auf Gusseisen					0,4	(21,8)		
Bremsbelag auf Stahl					0,5	(26,6)	0,4	(21,8)
Lederdichtungen auf Metall	0,6	(31)	0,2	(11,3)	0,2	(11,3)	0,12	(6,8)

Reibung auf der schiefen Ebene

Verschiebung nach oben

$$F = F_G \frac{\sin(\alpha + \varrho)}{\cos \varrho}$$

$$F = F_G (\sin\alpha + \mu \cos\alpha)$$

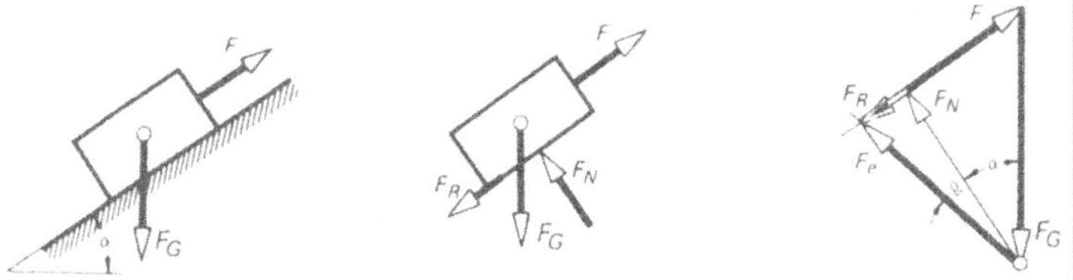

Halten auf der Ebene

$$F = F_G \frac{\sin(\alpha - \varrho_0)}{\cos \varrho_0}$$

$$F = F_G (\sin\alpha - \mu_0 \cos\alpha)$$

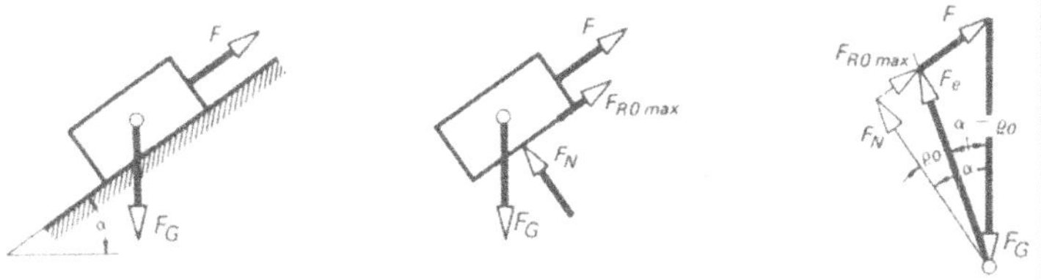

Verschiebung nach oben

$$F = F_G \tan(\alpha + \varrho)$$

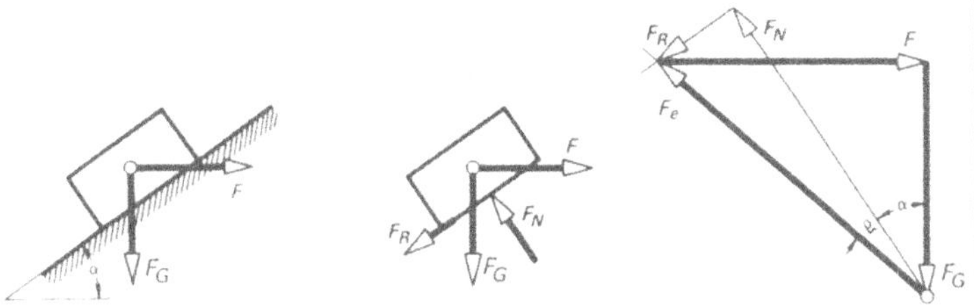

Halten auf der Ebene

$$F = F_G \tan(\alpha - \varrho_0)$$

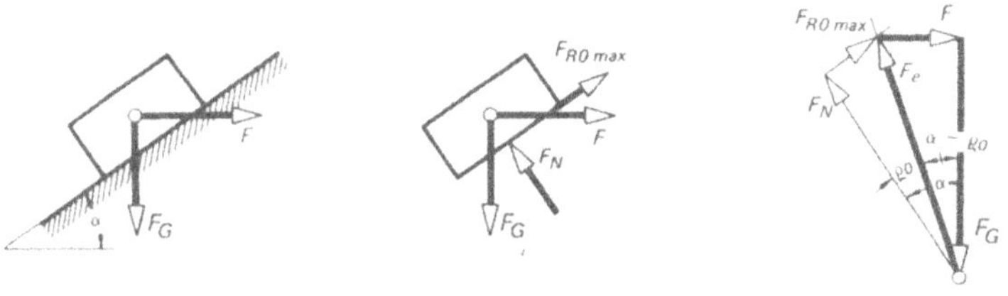

Gleichmäßig beschleunigte geradlinige Bewegung

Beachte: Erfolgt die Bewegung aus der Ruhelage heraus, dann ist in den Gleichungen die Anfangsgeschwindigkeit $v_0 = 0$ zu setzen. Die Fläche unter der v-Linie ist dann ein Dreieck.
Die Gleichungen gelten mit $a = g = 9{,}81$ m/s² (Fallbeschleunigung) auch für den freien Fall.

Beschleunigung

$$a = \frac{v_t - v_0}{\Delta t} = \frac{v_t^2 - v_0^2}{2\Delta s}$$

Endgeschwindigkeit

$$v_t = v_0 + \Delta v = v_0 + a\,\Delta t$$
$$v_t = \sqrt{v_0^2 + 2a\,\Delta s}$$

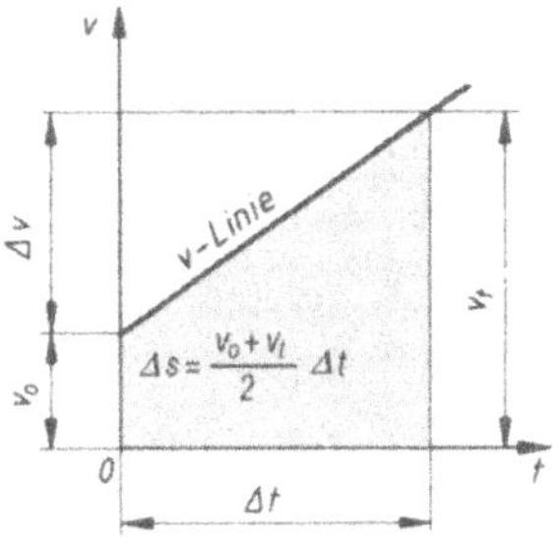

Wegabschnitt

$$\Delta s = \frac{v_0 + v_t}{2}\Delta t = v_0\,\Delta t + \frac{a(\Delta t)^2}{2}$$
$$\Delta s = \frac{v_t^2 - v_0^2}{2a}$$

Zeitabschnitt

$$\Delta t = \frac{v_t - v_0}{a} = -\frac{v_0}{a} \pm \sqrt{\left(\frac{v_0}{a}\right)^2 + \frac{2\Delta s}{a}}$$

Gleichmäßig verzögerte geradlinige Bewegung

Beachte: Wird die Bewegung bis zur Ruhelage verzögert, dann ist in den Gleichungen die Endgeschwindigkeit $v_t = 0$ zu setzen. Die Fläche unter der v-Linie ist dann ein Dreieck.
Die Gleichungen gelten mit $a = g = 9{,}81$ m/s² (Fallbeschleunigung) auch für den senkrechten Wurf nach oben.

Verzögerung

$$a = \frac{v_0 - v_t}{\Delta t} = \frac{v_0^2 - v_t^2}{2\Delta s}$$

Endgeschwindigkeit

$$v_t = v_0 - \Delta v = v_0 - a\,\Delta t$$
$$v_t = \sqrt{v_0^2 - 2a\,\Delta s}$$

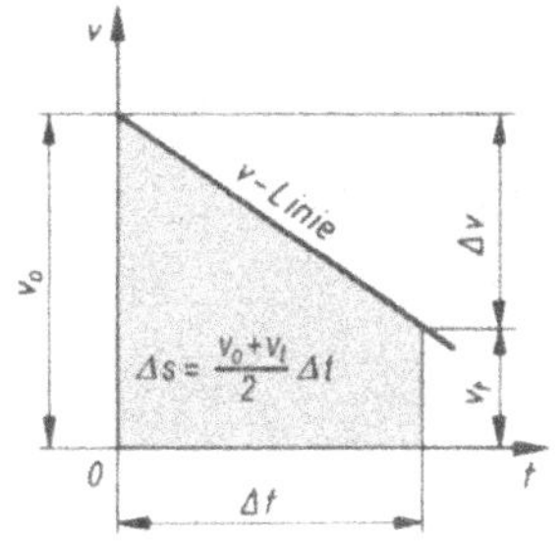

Wegabschnitt

$$\Delta s = \frac{v_0 + v_t}{2}\Delta t = v_0\,\Delta t - \frac{a(\Delta t)^2}{2}$$
$$\Delta s = \frac{v_0^2 - v_t^2}{2a}$$

Zeitabschnitt

$$\Delta t = \frac{v_0 - v_t}{a} = \frac{v_0}{a} \pm \sqrt{\left(\frac{v_0}{a}\right)^2 - \frac{2\Delta s}{a}}$$

Dynamik

Gleichförmige Kreisbewegung

ω Winkelgeschwindigkeit, n Drehzahl, $\Delta\varphi$ Drehwinkel, v_u Umfangsgeschwindigkeit, r Radius, z Anzahl der Umdrehungen, Δt Zeitabschnitt

$$\omega = \frac{\Delta\varphi}{\Delta t} = \frac{2\pi z}{\Delta t}$$

$$\omega = 2\pi n$$

$$v_u = 2\pi r n = \omega r$$

Grundgleichung der gleichförmigen Drehbewegung

ω	$\Delta\varphi$	z	Δt	n	v_u
$\frac{rad}{s} = \frac{1}{s}$	rad	1	s	$\frac{1}{s}$	$\frac{m}{s}$

1 rad ≈ 57,3°; 1° ≈ 0,0175 rad

$$\omega = \frac{\pi n}{30}$$

ω	n
$\frac{1}{s}$	$\frac{1}{min}$

Zahlenwertgleichung

Gleichmäßig beschleunigte Kreisbewegung

Beachte: Erfolgt die Bewegung aus der Ruhelage heraus, dann ist in den Gleichungen die Anfangswinkelgeschwindigkeit $\omega_0 = 0$ zu setzen. Die Fläche unter der ω-Linie ist dann ein Dreieck.

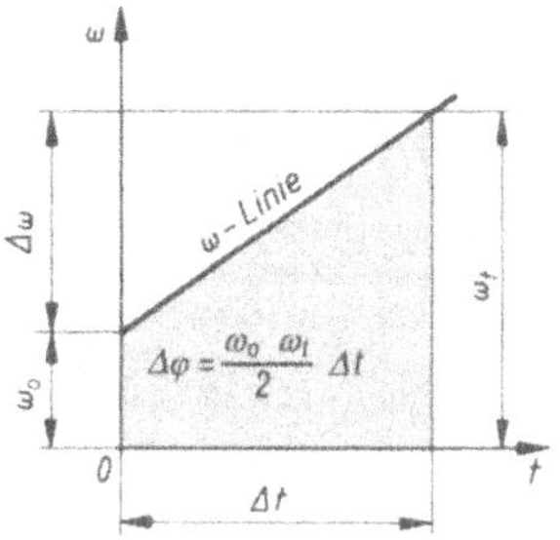

Winkelbeschleunigung
$$\alpha = \frac{\omega_t - \omega_0}{\Delta t} = \frac{\omega_t^2 - \omega_0^2}{2\Delta\varphi}$$

Tangentialbeschleunigung
$$a_T = \alpha r = \frac{\Delta\omega}{\Delta t} r = \frac{\Delta v_u}{\Delta t}$$

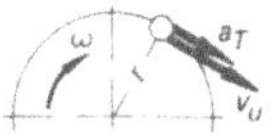

Endwinkelgeschwindigkeit
$$\omega_t = \omega_0 + \Delta\omega = \omega_0 + \alpha\Delta t$$
$$\omega_t = \sqrt{\omega_0^2 + 2\alpha\Delta\varphi}$$

Drehwinkel
$$\Delta\varphi = \frac{\omega_0 + \omega_t}{2}\Delta t = \omega_0\Delta t + \frac{\alpha(\Delta t)^2}{2} = \frac{\omega_t^2 - \omega_0^2}{2\alpha}$$

Zeitabschnitt
$$\Delta t = \frac{\omega_t - \omega_0}{\alpha} = -\frac{\omega_0}{\alpha} \pm \sqrt{\left(\frac{\omega_0}{\alpha}\right)^2 + \frac{2\Delta\varphi}{\alpha}}$$

Gleichmäßig verzögerte Kreisbewegung

Beachte: Wird die Bewegung bis zur Ruhelage verzögert, dann ist in den Gleichungen die Endwinkelgeschwindigkeit $\omega_t = 0$ zu setzen. Die Fläche unter der ω-Linie ist dann ein Dreieck.

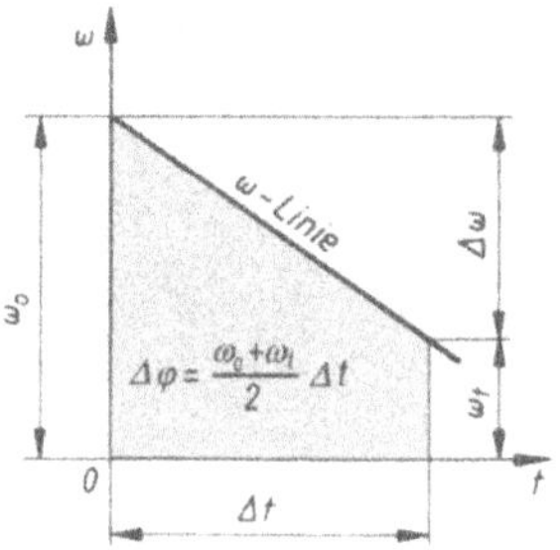

Winkelverzögerung
$$\alpha = \frac{\omega_0 - \omega_t}{\Delta t} = \frac{\omega_0^2 - \omega_t^2}{2\Delta\varphi}$$

Tangentialverzögerung
$$a_T = \alpha r = \frac{\Delta\omega}{\Delta t} r = \frac{\Delta v_u}{\Delta t}$$

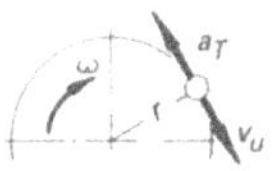

Endwinkelgeschwindigkeit
$$\omega_t = \omega_0 - \Delta\omega = \omega_0 - \alpha\Delta t$$
$$\omega_t = \sqrt{\omega_0^2 - 2\alpha\Delta\varphi}$$

Drehwinkel
$$\Delta\varphi = \frac{\omega_0 + \omega_t}{2}\Delta t = \omega_0\Delta t - \frac{\alpha(\Delta t)^2}{2} = \frac{\omega_0^2 - \omega_t^2}{2\alpha}$$

Zeitabschnitt
$$\Delta t = \frac{\omega_0 - \omega_t}{\alpha} = \frac{\omega_0}{\alpha} \pm \sqrt{\left(\frac{\omega_0}{\alpha}\right)^2 - \frac{2\Delta\varphi}{\alpha}}$$

Waagerechter Wurf

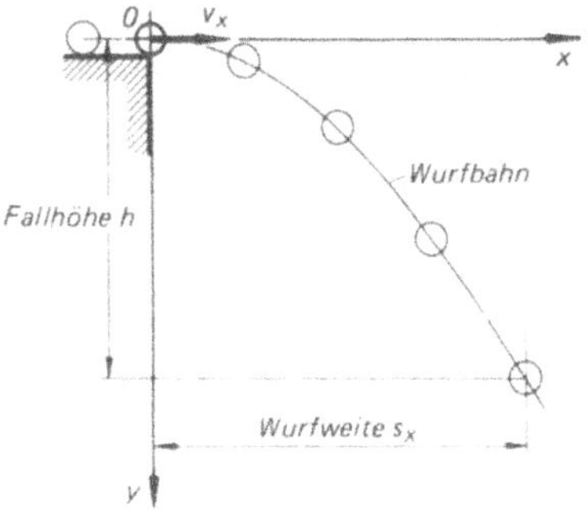

$h = \dfrac{g}{2v_x^2} s_x^2 = k\, s_x^2$ *Gleichung der Wurfbahn*

$s_x = v_x \sqrt{\dfrac{2h}{g}}$ *Wurfweite*

$h = \dfrac{g}{2v_x^2} s_x^2$ *Fallhöhe*

Schräger Wurf

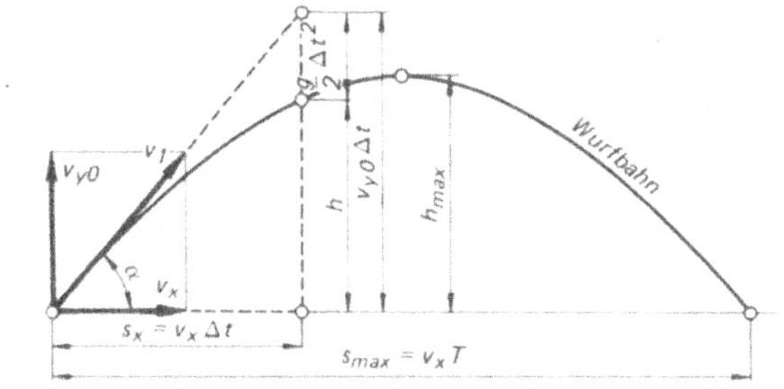

$h = s_x \tan\alpha - \dfrac{g}{2v_1^2 \cos^2\alpha} s_x^2 = k_1 s_x - k_2 s_x^2$

Gleichung der Wurfbahn

$s_{max} = \dfrac{v_1^2 \sin 2\alpha}{g}$ *größte Wurfweite*

$T = \dfrac{2v_1 \sin\alpha}{g}$ *Wurfzeit*

$h_{max} = \dfrac{v_1^2 \sin^2\alpha}{2g}$ *Scheitelhöhe*

$\Delta t_s = \dfrac{v_1 \sin\alpha}{g}$ *Steigzeit*

Modul *m* in mm für Zahnräder (DIN 780)

Reihe 1:	0,1	0,12	0,16	0,20	0,25	0,3	0,4	0,5	0,6	0,7	0,8
	0,9	1	1,25	1,5	2	2,5	3	4	5	6	8
	10	12	16	20	25	32	40	50	60		
Reihe 2:	0,11	0,14	0,18	0,22	0,28	0,35	0,45	0,55	0,65	0,75	0,85
	0,95	1,125	1,375	1,75	2,25	2,75	3,5	4,5	5,5	7	9
	11	14	18	22	28	36	45	55	70		

Die Moduln gelten im Normalschnitt; Reihe 1 ist gegenüber Reihe 2 zu bevorzugen.

Übersetzung und Größen am Zahnrad

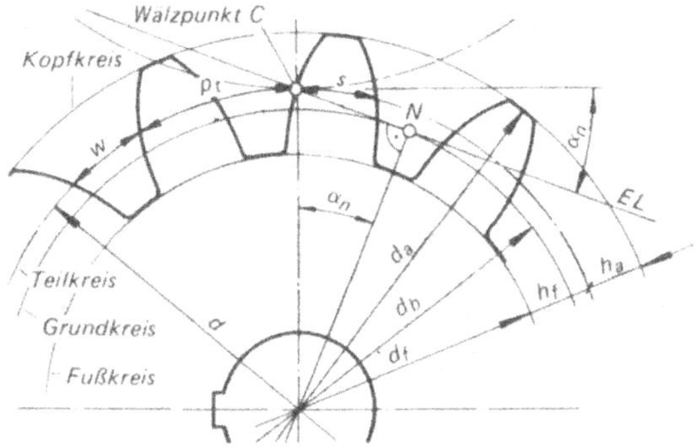

- d Teilkreis-Ø $= m\,z$
- d_b Grundkreis-Ø $= d \cos\alpha_n$
- d_a Kopfkreis-Ø $= d + 2\,m$
- d_f Fußkreis-Ø $= d - 2{,}5\,m$
- p_t Teilung $= s + w = \pi m$
- m Modul $= p_t/\pi$ (genormt nach DIN 780 von 0,05 … 70 mm)
- α_n Herstell-Eingriffswinkel (20°)
- s Zahndicke $= p_t/2$
- w Lückenweite $= p_t/2$
- h_a Zahnkopfhöhe $= 1\,m$
- h_f Zahnfußhöhe $= 1{,}25\,m$
- EL Eingriffslinie

$i = \dfrac{n_1}{n_2} = \dfrac{\omega_1}{\omega_2} = \dfrac{d_2}{d_1} = \dfrac{z_2}{z_1}$

$i_{ges} = \dfrac{n_{an}}{n_{ab}} = i_1 i_2 i_3 \ldots i_n$

$n = \dfrac{\text{Anzahl Umdrehungen } z}{\text{Zeitabschnitt } \Delta t}$

Dynamik

Dynamisches Grundgesetz für Translation

resultierende Kraft F_{res} = Masse m · Beschleunigung a

Gewichtskraft F_G = Masse m · Fallbeschleunigung g

$F_{res} = m\,a$

dynamisches Grundgesetz

F_{res}	m	a
$N = \frac{kg\,m}{s^2}$	kg	$\frac{m}{s^2}$

$F_G = m\,g$

dynamisches Grundgesetz für Gewichtskräfte

$F_{G_n} = m\,g_n$

Normgewichtskraft

$g_n = 9{,}80665\ m/s^2$ Normfallbeschleunigung

Dichte

$$\text{Dichte } \varrho = \frac{\text{Masse } m}{\text{Volumen } V}$$

$$\varrho = \frac{m}{V}$$

ϱ	m	V	A	l	g	F_G
$\frac{kg}{m^3}$	kg	m^3	m^2	m	$\frac{m}{s^2}$	N

1 N = 1 kgm/s^2

Gewichtskraft

$$F_G = m\,g = V\,\varrho\,g = A\,l\,\varrho\,g$$

Impuls

$$F_{res}\underbrace{(t_2 - t_1)}_{\Delta t} = m\underbrace{(v_2 - v_1)}_{\Delta v}$$

Kraftstoß = Impulsänderung

$$m v_2 = m v_1 = \text{konstant}$$

Impulserhaltungssatz

Mechanische Arbeit und Leistung bei Translation

$W = F\,s$

Arbeit

$W_h = F_G\,h = mgh$

Hubarbeit

$W_R = F_R\,s_R$
$W_R = F_N\,\mu\,s_R$

Reibarbeit

$W_f = \frac{R}{2}(s_2^2 - s_1^2)$

Federarbeit

$R = \frac{\text{Federkraft } F}{\text{Federweg } s}$

Federrate

$P = F\,v$

Momentanleistung

$P = \frac{W}{t}$

Mittlere Leistung während der Zeit t

$$1\,\text{Joule (J)} = 1\,\text{Nm} = 1\frac{kg\,m^2}{s^2} = 1\,m^2\,kg\,s^{-2}$$

$$1\,\text{Watt (W)} = 1\frac{J}{s} = 1\frac{Nm}{s} = 1\,m^2\,kg\,s^{-3}$$

W	P	F, F_G	s, h	v	m	g	R	t	η
J = Nm	$W = \frac{Nm}{s}$	N	m	$\frac{m}{s}$	kg	$\frac{m}{s^2}$	$\frac{N}{m}$	s	1

Wirkungsgrad

$$\eta = \frac{\text{Nutzarbeit } W_n}{\text{aufgewendete Arbeit } W_a} < 1$$

$$\eta = \frac{W_n}{W_a} = \frac{P_n}{P_a} = \frac{P_2}{P_1} < 1$$

Wirkungsgrad

$$\eta_{ges} = \eta_1\,\eta_2\,\eta_3 \ldots \eta_n = \frac{P_{ab}}{P_{an}} = \frac{P_2}{P_1} < 1$$

Gesamtwirkungsgrad

Beispiele für Wirkungsgrade:

Gleitlager	$\eta = 0{,}98$	(98 %)
Verzahnung	$\eta = 0{,}98$	(98 %)
E-Motor	$\eta = 0{,}9$	(90 %)
Ottomotor	$\eta = 0{,}25$	(25 %)

Dynamisches Grundgesetz für Rotation

resultierendes Drehmoment M_{res} = Trägheitsmoment J × Winkelbeschleunigung α

$$M_{res} = J\alpha$$

M_{res}	J, J_0, J_s	α	m	l	ω	t
$\mathrm{Nm} = \frac{\mathrm{kg\,m^2}}{\mathrm{s^2}}$	$\mathrm{kg\,m^2}$	$\frac{\mathrm{rad}}{\mathrm{s^2}}$	kg	m	$\frac{\mathrm{rad}}{\mathrm{s}}$	s

$$M_{res}(\underbrace{t_2 - t_1}_{\Delta t}) = J(\underbrace{\omega_2 - \omega_1}_{\Delta\omega})$$

gilt für M_{res} = konstant

Momentenstoß = Drehimpulsänderung

$$J\omega_2 = J\omega_1 = \text{konstant}$$

Impulserhaltungssatz für Drehung

$$J_0 = J_s + ml^2$$

Verschiebesatz

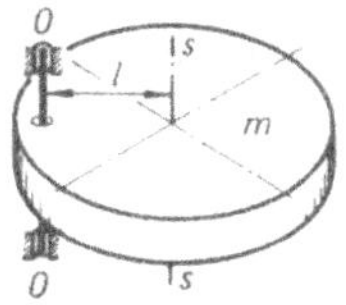

$$m_{red} = \frac{J_s}{r^2}$$

m_{red} *Ersatzmasse (reduzierte Masse)*

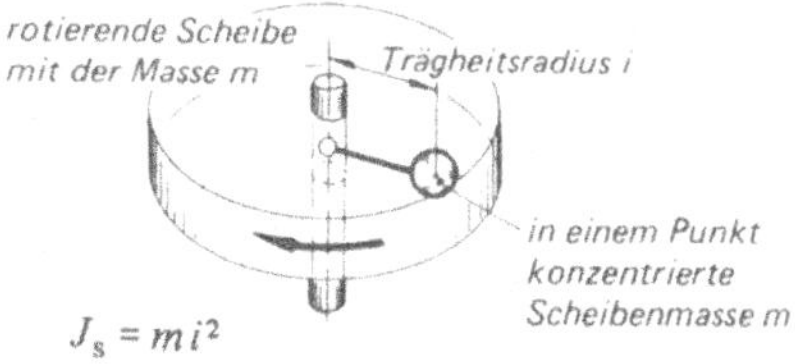

$$J_s = m\,i^2$$

$$i = \sqrt{\frac{J_s}{m}}$$

Trägheitsradius

J_s auf die Schwerachse bezogenes Trägheitsmoment

m Masse

Gleichungen für Trägheitsmomente (Massenmomente 2. Grades)

Körperform	Trägheitsmoment J (J_x um die x-Achse; J_z um die z-Achse)
Kreiszylinder 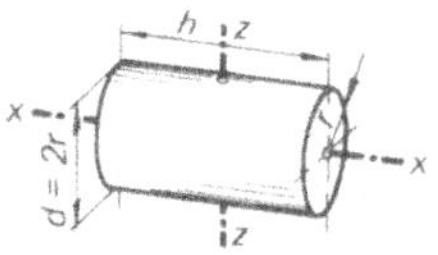	$J_x = \frac{1}{2}mr^2 = \frac{1}{8}md^2 = \frac{1}{32}\varrho\pi d^4 h = \frac{1}{2}\varrho\pi r^4 h$ $J_z = \frac{1}{16}m(d^2 + \frac{4}{3}h^2) = \frac{1}{64}\varrho\pi d^2 h(d^2 + \frac{4}{3}h^2)$
Hohlzylinder 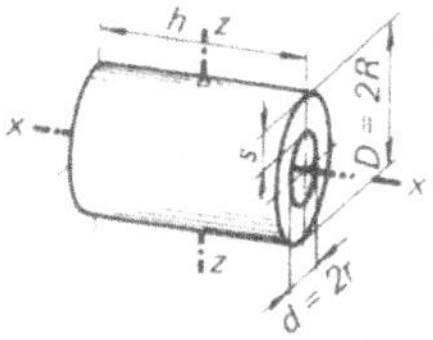	$J_x = \frac{1}{2}m(R^2 + r^2) = \frac{1}{8}m(D^2 + d^2) = \frac{1}{32}\varrho\pi h(D^4 - d^4)$ $J_x = \frac{1}{2}\varrho\pi h(R^4 - r^4)$ $J_z = \frac{1}{4}m(R^2 + r^2 + \frac{1}{3}h^2) = \frac{1}{16}m(D^2 + d^2 + \frac{4}{3}h^2)$
Kugel und Halbkugel 	$J_x = \frac{2}{5}mr^2 = \frac{1}{10}md^2 = \frac{1}{60}\varrho\pi d^5 = \frac{8}{15}\varrho\pi r^5$
Ring 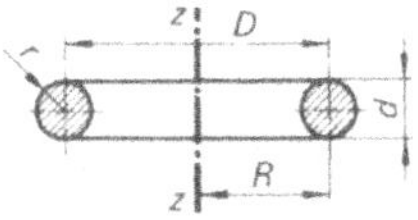	$J_z = m(R^2 + \frac{3}{4}r^2) = \frac{1}{4}m(D^2 + \frac{3}{4}d^2)$ $J_z = \frac{1}{16}\varrho\pi^2 D d^2(D^2 + \frac{3}{4}d^2) = \frac{1}{4}mD^2\left[1 + \frac{3}{4}\left(\frac{d}{D}\right)^2\right]$

Dynamik

Mechanische Arbeit, Leistung und Wirkungsgrad bei Rotation

$W_{rot} = F_T s = M\varphi$

Rotationsarbeit

$P_{rot} = F_T v_u$ *Rotationsleistung*

$P_{rot} = M\omega = M\,2\pi n$

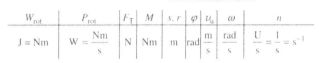

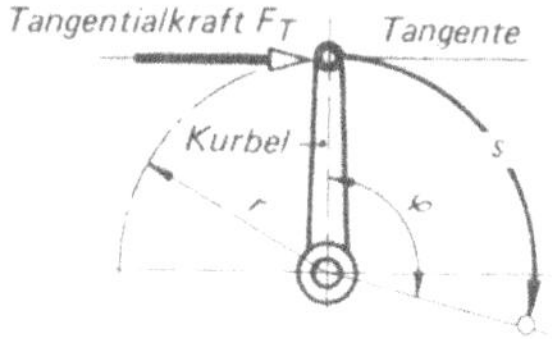

W_{rot}	P_{rot}	F_T	M	s, r	φ	v_u	ω	n
J = Nm	$W = \frac{Nm}{s}$	N	Nm	m	rad	$\frac{m}{s}$	$\frac{rad}{s}$	$\frac{U}{s} = \frac{1}{s} = s^{-1}$

$P_{rot} = \dfrac{M\,n}{9550}$ $\qquad M = 9550\dfrac{P_{rot}}{n}$

Zahlenwertgleichungen

M	P_{rot}	n
Nm	kW	$\frac{U}{min} = min^{-1}$

$\eta = \dfrac{M_2}{M_1} \cdot \dfrac{1}{i}$ $\qquad M_2$ Abtriebsmoment, M_1 Antriebsmoment

Wirkungsgrad

Energie bei Translation

potenzielle Energie E_{pot} = Hubarbeit W_h

$E_{pot} = F_G h = m\,g\,h$ *potenzielle Energie (Höhenenergie)*

$W_h = m\,g\,(h_2 - h_1) = \Delta E_{pot}$

Änderung der potenziellen Energie

Spannungsenergie E_s = Federarbeit W_f

$E_s = \dfrac{Fs}{2} = \dfrac{R}{2}s^2$ *Spannungsenergie*

$W_f = \dfrac{F_1 + F_2}{2} = \dfrac{R}{2}(s_2^2 - s_1^2) = \Delta E_s$

Änderung der Spannungsenergie

kinetische Energie E_{kin} = Beschleunigungsarbeit W_a

$W_a = \dfrac{m}{2}v^2$ *kinetische Energie (Bewegungsenergie)*

$W_a = \dfrac{m}{2}(v_2^2 - v_1^2) = \Delta E_{kin}$

Änderung der kinetischen Energie

$E_E = E_A + W_{zu} - W_{ab}$

Energieerhaltungssatz

Gerader zentrischer Stoß

elastischer Stoß:

$c = \dfrac{m_1 v_1 + m_2 v_2}{m_1 + m_2}$ *Geschwindigkeit beider Körper am Ende des ersten Stoßabschnittes*

$c_1 = \dfrac{(m_1 - m_2)v_1 + 2m_2 v_2}{m_1 + m_2}$

$c_2 = \dfrac{(m_2 - m_1)v_2 + 2m_1 v_1}{m_1 + m_2}$

Geschwindigkeiten beider Körper nach dem Stoß

unelastischer Stoß:

$\Delta W = \dfrac{1}{2}\dfrac{m_1 m_2 (v_1 - v_2)^2}{m_1 + m_2}$ *Energieabnahme beim unelastischen Stoß*

$\eta = \dfrac{m_2}{m_1 + m_2} = \dfrac{1}{1 + \dfrac{m_1}{m_2}}$ *Wirkungsgrad beim Schmieden*

$\eta = \dfrac{1}{1 + \dfrac{m_2}{m_1}}$ *Wirkungsgrad beim Rammen*

wirklicher Stoß:

$\Delta W = \dfrac{1}{2}\dfrac{m_1 m_2 (v_1 - v_2)^2 (1 - k^2)}{m_1 + m_2}$ *Energieverlust beim wirklichen Stoß*

$k = \dfrac{c_2 - c_1}{v_1 - v_2}$ *Stoßzahl*

$k = 1$	elastischer Stoß
$k = 0$	unelastischer Stoß
$k = 0{,}35$	Stahl bei 1100 °C
$k = 0{,}7$	Stahl bei 20 °C

$c_1 = \dfrac{m_1 v_1 + m_2 v_2 - m_2(v_1 - v_2)k}{m_1 + m_2}$

$c_2 = \dfrac{m_1 v_1 + m_2 v_2 + m_1(v_1 - v_2)k}{m_1 + m_2}$

Geschwindigkeiten nach dem wirklichen Stoß

Energie bei Rotation

Rotationsenergie E_{rot} = Beschleunigungsarbeit W_α

$$E_{rot} = \frac{J}{2}\omega^2$$

Rotationsenergie

W_{rot}, W_α	J	ω
J = Nm	kgm²	$\frac{\text{rad}}{\text{s}}$

$$W_\alpha = \frac{J}{2}(\omega_2^2 - \omega_1^2) = \Delta E_{rot}$$

Änderung der Rotationsenergie

Zentripetalbeschleunigung und Zentripetalkraft

$$a_z = \frac{v_u^2}{r_s} = r_s\,\omega^2$$

Zentripetalbeschleunigung

$$F_z = m a_z = m\,r_s\,\omega^2 = m\frac{v_u^2}{r_s}$$

Zentripetalkraft

F_z	m	a_z	r_s	ω	v_u
$\text{N} = \frac{\text{kg m}}{\text{s}^2}$	kg	$\frac{\text{m}}{\text{s}^2}$	m	$\frac{\text{rad}}{\text{s}}$	$\frac{\text{m}}{\text{s}}$

Beachte: Der Radius r_S ist der Abstand des Körperschwerpunkts von der Drehachse!

Gegenüberstellung der translatorischen und rotatorischen Größen

Geradlinige (translatorische) Bewegung Größe	Definitionsgleichung	Einheit	**Drehende (rotatorische) Bewegung** Größe	Definitionsgleichung	Einheit
Zeit t	Basisgröße	s	Zeit t	Basisgröße	s
Verschiebeweg s	Basisgröße	m	Drehwinkel φ	$\varphi = \frac{b}{r}$	rad
Masse m	Basisgröße	kg	Trägheitsmoment J	$J = \Sigma\,\Delta m r^2$	kg m²
Geschwindigkeit v (v = konstant)	$v = \frac{\Delta s}{\Delta t}$	$\frac{\text{m}}{\text{s}}$	Winkelgeschwindigkeit ω	$\omega = \frac{\Delta\varphi}{\Delta t}$	$\frac{\text{rad}}{\text{s}}$
Arbeit W	$W = F\,s$	J	Dreharbeit W_{rot}	$W_{rot} = M\varphi = F_T\,r\varphi$	J
Leistung P	$P = \frac{W}{t} = F v$	W	Drehleistung P_{rot}	$P_{rot} = \frac{W_{rot}}{t} = M\,\omega$	W
Beschleunigung a	$a = \frac{\Delta v}{\Delta t}$	$\frac{\text{m}}{\text{s}^2}$	Winkelbeschleunigung α	$\alpha = \frac{\Delta\omega}{\Delta t}$	$\frac{\text{rad}}{\text{s}^2}$
Beschleunigungskraft F_{res}	$F_{res} = m\,a$	N	Beschleunigungsmoment M_{res}	$M_{res} = J\alpha$	N m
kinetische Energie E_{kin}	$E_{kin} = \frac{m}{2}v^2$	J	Rotationsenergie E_{rot}	$E_{rot} = \frac{J}{2}\omega^2$	J

$$F_{res}\,(t_2 - t_1) = m\,(v_2 - v_1)$$

Kraftstoß = Impulsänderung

$$M_{res}\,(t_2 - t_1) = J\,(\omega_2 - \omega_1)$$

Momentenstoß = Drehimpulsänderung

Festigkeitslehre

Zug- und Druckbeanspruchung

Die Gleichungen gelten mit den entsprechenden Bezeichnungen auch für die Druckbeanspruchung.

erforderlicher Querschnitt $S_{erf} = \frac{F_N}{\sigma_{z\,zul}}$

$\sigma_z = \frac{F_N}{S}$ in $\frac{N}{mm^2}$

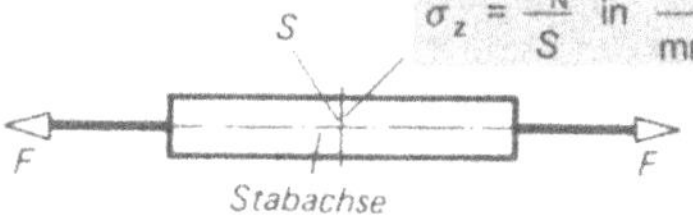

vorhandene Spannung $\sigma_{z\,vorh} = \frac{F_N}{S} \leq \sigma_{z\,zul}$

maximale Belastung $F_{N\,max} = \sigma_{z\,zul}\, S$

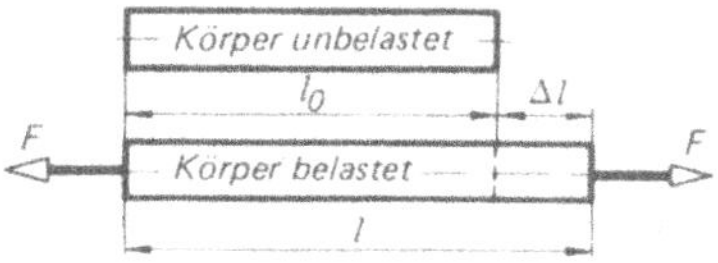

Dehnung $\varepsilon = \frac{\Delta l}{l_0} = \frac{l - l_0}{l_0}$

Hooke'sches Gesetz $\sigma = \varepsilon E = \frac{\Delta l}{l_0} E$

σ	F	S	$\Delta l, l, l_0$	ε	E
$\frac{N}{mm^2}$	N	mm^2	mm	1	$\frac{N}{mm^2}$

E Elastizitätsmodul

Reißlänge $l_r = \frac{R_m}{\varrho g}$

R_m Zugfestigkeit
ϱ Dichte
g Fallbeschleunigung

$l_r = 10^3 \frac{R_m}{\varrho g}$

Zahlenwertgleichung

l_r	$R_m(\sigma_{zB})$	ϱ	g
km	$\frac{N}{mm^2}$	$\frac{kg}{m^3}$	$\frac{m}{s^2}$

Wärmespannung $\sigma_\vartheta = \alpha_l\, \Delta T\, E$

Verlängerung $\Delta l = l_0\, \alpha_l\, \Delta T$

$\Delta\vartheta$ Temperaturdifferenz
α_l Längenausdehnungskoeffizient für Stahl ist $\alpha_l = 12 \cdot 10^{-6}$ 1/K
K Kelvin ist die SI-Basiseinheit (1 K = 1 °C) der Temperatur

σ_ϑ, E	α_l	ΔT	$\Delta l, l_0$
$\frac{N}{mm^2}$	$\frac{1}{K}$	K	mm

Abscherbeanspruchung

erforderlicher Querschnitt $S_{erf} = \frac{F_q}{\tau_{a\,zul}}$

$\tau = \gamma G = \frac{\Delta l}{l_0} G$

Hook'sches Gesetz für Schub

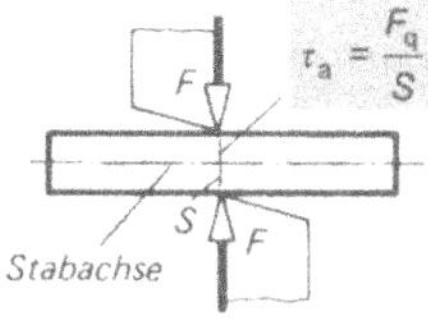

$\tau_a = \frac{F_q}{S}$ in $\frac{N}{mm^2}$

vorhandene Spannung $\tau_{a\,vorh} = \frac{F_q}{S} \leq \tau_{a\,zul}$

maximale Belastung $F_{q\,max} = S\, \tau_{a\,zul}$

$\tau_{aB} = 0{,}85\, R_m$ für Stahl
$\tau_{aB} = 1{,}1\, R_m$ für Gusseisen

τ, R_m	F	S	$\Delta l, l_0$	γ	G
$\frac{N}{mm^2}$	N	mm^2	mm	1	$\frac{N}{mm^2}$

G Schubmodul

Flächenpressung und Lochleibungsdruck

Flächenpressung in Gleitlagern und Bolzenverbindungen $p = \frac{F}{A_{proj}} = \frac{F}{d\,l} \leq p_{zul}$

Flächenpressung im Gewinde $p = \frac{F}{A_{proj}} = \frac{FP}{\pi d_2 H_1 m}$

Lochleibungsdruck $\sigma_l = \frac{F}{A_{proj}} = \frac{F}{n\, d_1 s} \leq \sigma_{l\,zul}$

P Gewindesteigung
H_1 Tragtiefe
d_2 Flankendurchmesser
m Mutterhöhe
} siehe Maschinenelemente: Schraubenverbindungen

d_1 Durchmesser des geschlagenen Niets
n Anzahl der Niete

Flächenmoment 2. Grades zusammengesetzter Flächen

Verschiebesatz von Steiner

$$I = I_1 + A_1 l_1^2 + I_2 + A_2 l_2^2 + \ldots + I_n + A_n l_n^2$$

Beachte: Fallen Teilschwerachsen und Bezugsachsen zusammen, dann sind die Abstände l_1, l_2 ... gleich null und es wird $I = I_1 + I_2 + \ldots + I_n$, d.h. die Teilflächenmomente 2. Grades werden einfach addiert.

Verdrehbeanspruchung (Torsion)

erforderliches Widerstandsmoment

$$W_{p\,erf} = \frac{M_T}{\tau_{t\,zul}}$$

$$M = M_T = 9550 \frac{P}{n}$$

Zahlenwertgleichung

M, M_T	P	n
Nm	kW	min^{-1}

vorhandene Spannung

$$\tau_{t\,vorh} = \frac{M_T}{W_p} \leq \tau_{t\,zul}$$

maximales Torsionsmoment

$$M_{T\,max} = W_p\,\tau_{t\,zul}$$

Beachte:
Das (äußere) Drehmoment M ist gleich dem (inneren) Torsionsmoment M_T ($M = M_T$)

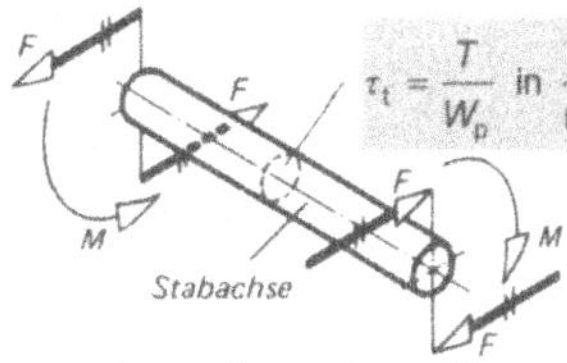

$$\tau_t = \frac{T}{W_p} \text{ in } \frac{N}{mm^2}$$

erforderlicher Durchmesser für Kreisquerschnitt

$$d_{erf} = \sqrt[3]{\frac{16\,M_T}{\pi\,\tau_{t\,zul}}}$$

τ_t, G	M_T	W_p	I_p	l, r	φ
$\frac{N}{mm^2}$	Nmm	mm^3	mm^4	mm	°

Verdrehwinkel in Grad

$$\varphi = \frac{\tau_t\,l}{G\,r} \cdot \frac{180°}{\pi} \qquad \varphi = \frac{M_T\,l}{W_p\,r\,G} \cdot \frac{180°}{\pi} \qquad \varphi = \frac{M_T\,l}{I_p\,G} \cdot \frac{180°}{\pi}$$

G Schubmodul

Biegebeanspruchung

erforderliches Widerstandsmoment

$$W_{erf} = \frac{M_{b\,max}}{\sigma_{b\,zul}}$$

$$\sigma_b = \frac{M_b}{W} \text{ in } \frac{N}{mm^2}$$

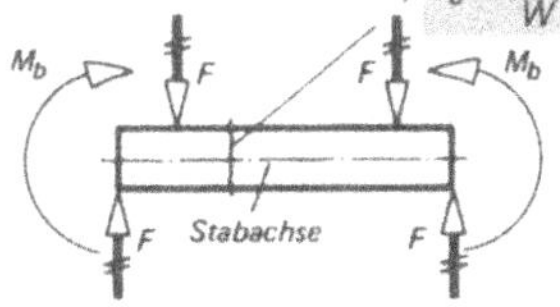

vorhandene Spannung

$$\sigma_{b\,vorh} = \frac{M_{b\,max}}{W} \leq \sigma_{b\,zul}$$

maximales Biegemoment

$$M_{b\,max} = W\,\sigma_{b\,zul}$$

erforderlicher Durchmesser für Kreisquerschnitt

$$d_{erf} = \sqrt[3]{\frac{32\,M_b}{\pi\,\sigma_{b\,zul}}}$$

σ_b	M_b	W	I	e_1, e_2, d
$\frac{N}{mm^2}$	Nmm	mm^3	mm^4	mm

Spannungsverteilung im unsymmetrischen Querschnitt

größte Zugspannung

$$\sigma_{z\,max} = \frac{M_b\,e_1}{I} = \frac{M_b}{W_1}$$

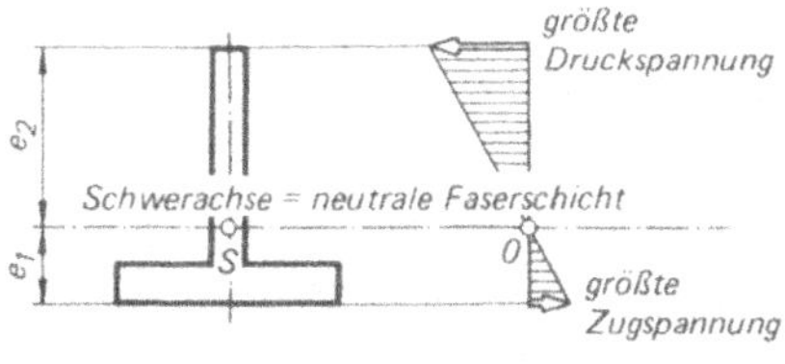

größte Druckspannung

$$\sigma_{d\,max} = \frac{M_b\,e_2}{I} = \frac{M_b}{W_2}$$

Festigkeitslehre

Zusammengesetzte Beanspruchung

Biegung und Zug

resultierende Zug(Druck-)spannung

$$\sigma_{resZug} = \frac{M_b}{W} + \frac{F}{S} = \sigma_{bz} + \sigma_z$$

$$\sigma_{resDruck} = \frac{M_b}{W} - \frac{F}{S} = \sigma_{bd} - \sigma_z$$

σ	F	S	M_b	W
$\frac{N}{mm^2}$	N	mm^2	Nmm	mm^3

Biegung und Torsion
(bei Wellen mit Kreisquerschnitt)

Vergleichsspannung $\sigma_v = \sqrt{\sigma_b^2 + 3(\alpha_0 \tau_t)^2}$

Vergleichsmoment $M_v = \sqrt{M_b^2 + 0{,}75(\alpha_0 M_T)^2}$

α_0 = Anstrengungsverhältnis $= \frac{\sigma_{b\,zul}}{1{,}73\,\tau_{t\,zul}}$

$\alpha_0 \approx 1$ – wenn σ_b und τ_t im gleichen Belastungsfall

$\alpha_0 \approx 0{,}7$ – wenn σ_b wechselnd (III) und τ_t schwellend (II) oder ruhend (I)

erforderlicher Wellendurchmesser $d_{erf} = \sqrt[3]{\frac{32 M_v}{\pi \sigma_{b\,zul}}}$

σ	α_0	M_v, M_b, M_T	d
$\frac{N}{mm^2}$	1	Nmm	mm

Kerbspannung

Spannungsspitze infolge Kerbwirkung $\sigma_{max} = \sigma_n \beta_k$

σ_{max} Spannungsspitze im Kerbgrund
σ_n rechnerische (Nenn-)spannung

Kerbwirkungszahl $\beta_k = 1 + (\alpha_k - 1)\eta_k$

β_k Werte Seite 21
α_k Kerbformzahl
η_k Kerbempfindlichkeitszahl

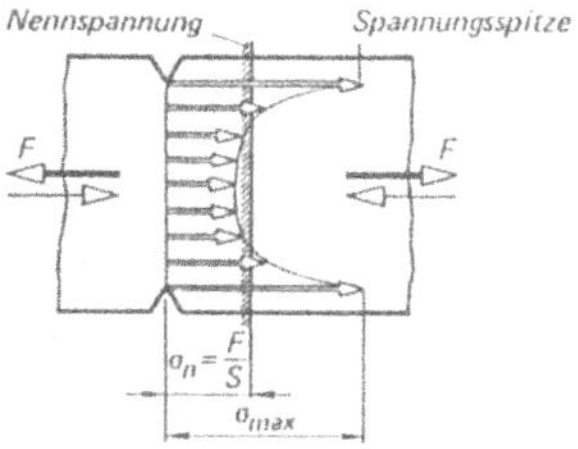

Ansatz der zulässigen Spannung im Maschinenbau

Belastungsfall I (ruhende = statische Belastung)

bei Stahl: $\sigma_{zul} = \frac{R_e}{\nu}$ ν = Sicherheit ≈ 1,5; $\nu_{vorh} = \frac{R_e}{\sigma_{vorh}} \ge 1{,}2$

bei Gusseisen: $\sigma_{zul} = \frac{R_m}{\nu}$ $\nu \approx 2$ $\nu_{vorh} = \frac{R_m}{\sigma_{vorh}} \ge 1{,}8$

Belastungsfälle II und III (schwellende und wechselnde = dynamische Belastung)

ohne Kerbwirkung $\sigma_{zul} = \frac{\sigma_D}{\nu}$ ν = Sicherheit ≈ 1,5; $\nu_{vorh} = \frac{\sigma_D}{\sigma_n} \ge 1{,}2$

mit Kerbwirkung (β_k nicht bekannt) $\sigma_{zul} = \frac{\sigma_D b_1 b_2}{\nu}$ $\nu \approx 2{,}5$ $\nu_{vorh} = \frac{\sigma_D b_1 b_2}{\sigma_n} \ge 1{,}2$

mit Kerbwirkung (β_k bekannt) $\sigma_{zul} = \frac{\sigma_D b_1 b_2}{\nu \beta_k}$ $\nu \approx 1{,}5$ $\nu_{vorh} = \frac{\sigma_D b_1 b_2}{\sigma_n \beta_k} \ge 1{,}2$

Stützkräfte, Biegemomente und Durchbiegungen bei Biegeträgern von gleich bleibendem Querschnitt

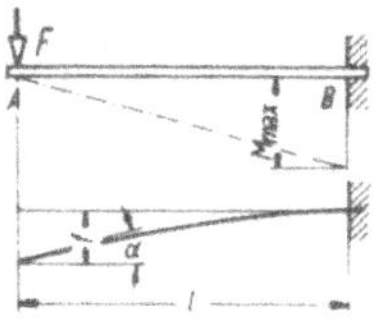

$$F_B = F$$
$$M_{max} = -F\,l$$
$$f = \frac{F\,l^3}{3EI}$$
$$\tan\alpha = \frac{F\,l^2}{2EI} = \frac{3f}{2l}$$

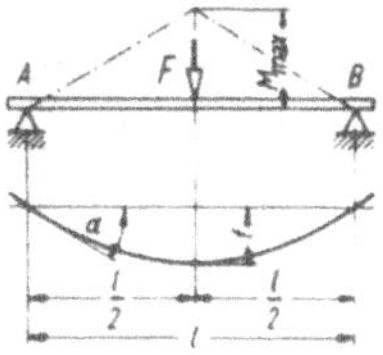

$$F_A = F_B = \frac{F}{2}$$
$$M_{max} = \frac{F\,l}{4}$$
$$f = \frac{F\,l^3}{48EI}$$
$$\tan\alpha = \frac{F\,l^2}{16EI} = \frac{3f}{l}$$

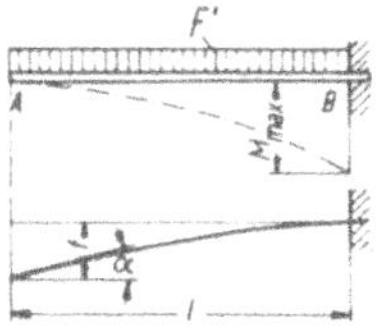

$$F_B = F = F'\,l$$
$$M_{max} = -\frac{F\,l}{2}$$
$$f = \frac{F\,l^3}{8EI}$$
$$\tan\alpha = \frac{F\,l^2}{6EI} = \frac{4f}{3l}$$

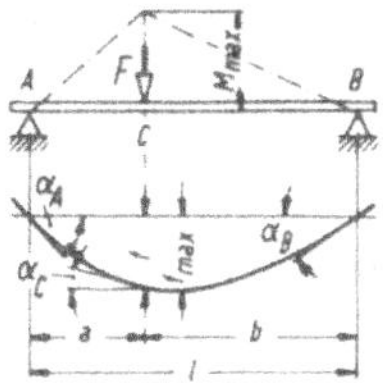

$$M_{max} = F\,\frac{ab}{l}$$
$$f = \frac{F\,a^2 b^2}{3EI\,l}$$
$$f_{max} = f\,\frac{l+a}{3a}\sqrt{\frac{l+a}{3b}}$$
$$\tan\alpha_A = f\left(\frac{1}{a} + \frac{1}{2b}\right) \qquad \tan\alpha_B = f\left(\frac{1}{b} + \frac{1}{2a}\right)$$

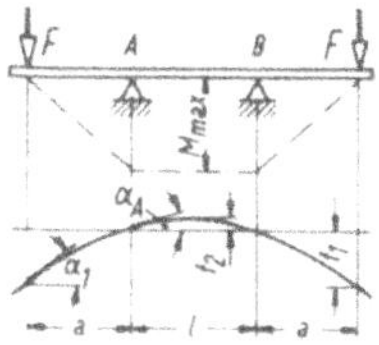

$$F_A = F_B = F$$
$$M_{max} = Fa$$
$$f_1 = \frac{Fa^2}{EI}\left(\frac{a}{3} + \frac{l}{2}\right)$$
$$f_2 = \frac{Fal^2}{8EI}$$
$$\tan\alpha_1 = \frac{Fa(l+a)}{2EI}; \quad \tan\alpha_A = \frac{Fal}{2EI}$$

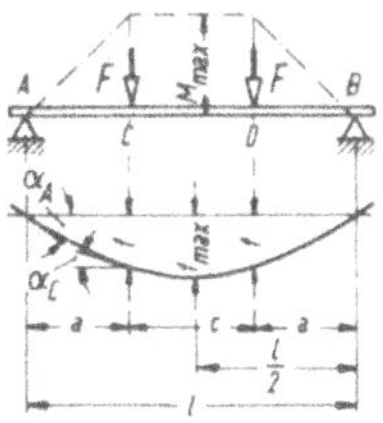

$$F_A = F_B = F$$
$$M_{max} = Fa$$
$$f = \frac{F\,l^3 a^2}{2EI\,l^2}\left(1 - \frac{4a}{3l}\right)$$
$$f_{max} = \frac{F\,l^3 a}{8EI\,l}\left(1 - \frac{4a^2}{3l^2}\right)$$
$$\tan\alpha_A = \frac{Fa(a+c)}{2EI} \qquad \tan\alpha_C = \tan\alpha_D = \frac{F\,ac}{2EI}$$

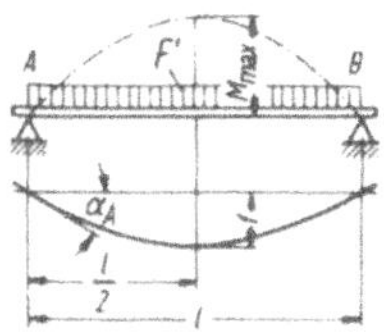

$$F_A = F_B = \frac{F'l}{2}$$
$$M_{max} = 0{,}125\,F\,l$$
$$f \approx 0{,}013\,\frac{F\,l^3}{EI}$$
$$\tan\alpha_A = \frac{F\,l^2}{24EI} = \frac{16f}{5l}$$

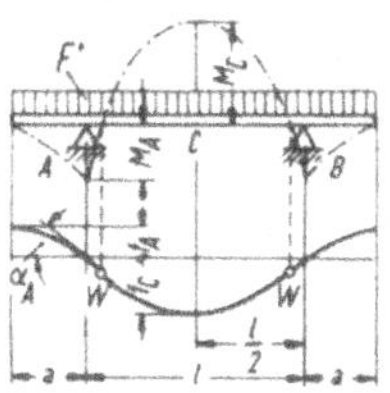

$$F_A = F_B = F'\left(\frac{l}{2} + a\right)$$
$$M_A = -\frac{F'a^2}{2}$$
$$M_C = \frac{F'l^2}{2}\left[\frac{1}{4} - \left(\frac{a}{l}\right)^2\right]$$
$$f_A = \frac{F'l^4}{4EI}\left[\frac{a}{6l} - \left(\frac{a}{l}\right)^3 - \frac{1}{2}\left(\frac{a}{l}\right)^4\right]$$
$$\tan = \frac{F'l^3}{4EI}\left[\frac{1}{6} - \left(\frac{a}{l}\right)^2\right] \qquad f_C = \frac{F'l^4}{16EI}\left[\frac{5}{24} - \left(\frac{a}{l}\right)^2\right]$$

Festigkeitslehre

Axiale Flächenmomente 2. Grades *I* und Widerstandsmomente *W*

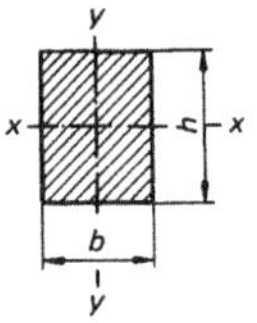 $I_x = \frac{b h^3}{12}$ $I_y = \frac{h b^3}{12}$ $W_x = \frac{b h^2}{6}$ $W_y = \frac{h b^2}{6}$	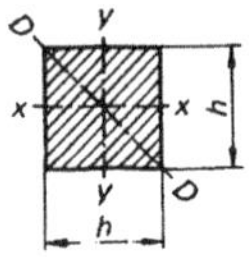 $I_x = I_y = I_D = \frac{h^4}{12}$ $W_x = W_y = \frac{h^3}{6}$; $W_D = \sqrt{2}\,\frac{h^3}{12}$
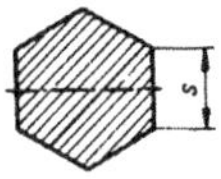 $I = \frac{5\sqrt{3}}{16} s^4 = 0{,}5413\, s^4$ $W = 0{,}5413\, s^3$	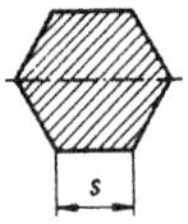 $I = \frac{5\sqrt{3}}{16} s^4 = 0{,}5413\, s^4$ $W = \frac{5}{8} s^3 = 0{,}625\, s^3$
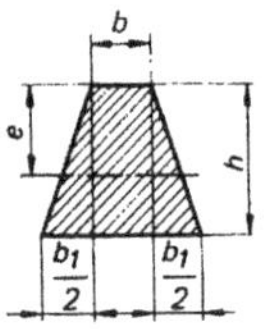 $I = \frac{6b^2 + 6 b b_1 + b_1^2}{36(2b + b_1)} h^3$ $W = \frac{6b^2 + 6 b b_1 + b_1^2}{12(3b + 2b_1)} h^2$ $e = \frac{1}{3}\,\frac{3b + 2b_1}{2b + b_1} h$	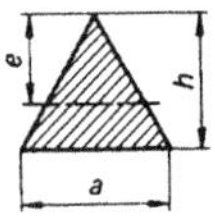 $I = \frac{a h^3}{36}$ $e = \frac{2}{3} h$ $W = \frac{a h^2}{24}$
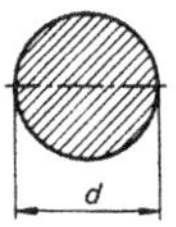 $I = \frac{\pi d^4}{64} \approx \frac{d^4}{20}$ $W = \frac{\pi d^3}{32} \approx \frac{d^3}{10}$	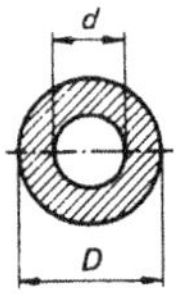 $I = \frac{\pi}{64}(D^4 - d^4)$ $W = \frac{\pi}{32}\,\frac{D^4 - d^4}{D}$
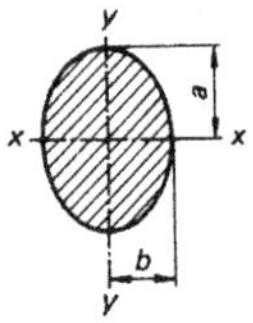 $I_x = \frac{\pi a^3 b}{4}$; $I_v = \frac{\pi b^3 a}{4}$ $W_x = \frac{\pi a^2 b}{4}$; $W_y = \frac{\pi b^2 a}{4}$	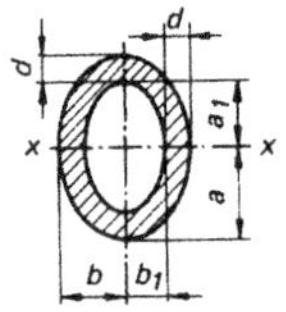 $I_x = \frac{\pi}{4}(a^3 b - a_1^3 b_1)$ $I_x \approx \frac{\pi}{4} a^2 d\,(a + 3b)$ $W = \frac{I_x}{a} \approx \frac{\pi}{4} a d\,(a + 3b)$
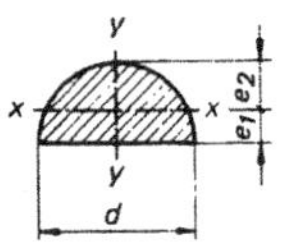 $I_x = 0{,}0068\, d^4$ $I_y = 0{,}0245\, d^4$ $W_{x1} = 0{,}0238\, d^3$ $W_{x2} = 0{,}0323\, d^3$ $W_y = 0{,}049\, d^3$	$e_1 = \frac{4r}{3\pi} = 0{,}4244\, r$
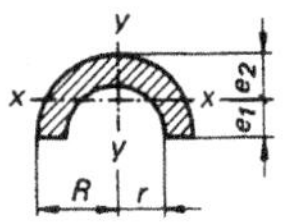 $I_x = 0{,}1098\,(R^4 - r^4) - 0{,}283\, R^2 r^2 \frac{R - r}{R + r}$ $I_y = \pi \frac{R^4 - r^4}{8}$; $W_y = \pi \frac{(R^4 - r^4)}{8R}$	$W_{x1} = \frac{I_x}{e_1}$ $W_{x2} = \frac{I_x}{e_2}$ $e_1 = \frac{2(D^3 - d^3)}{3\pi(D^2 - d^2)}$

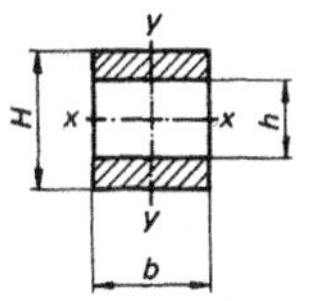

$$I_x = \frac{b}{12}(H^3 - h^3) \qquad I_y = \frac{b^3}{12}(H - h)$$

$$W_x = \frac{b}{6H}(H^3 - h^3) \qquad W_y = \frac{b^2}{6}(H - h)$$

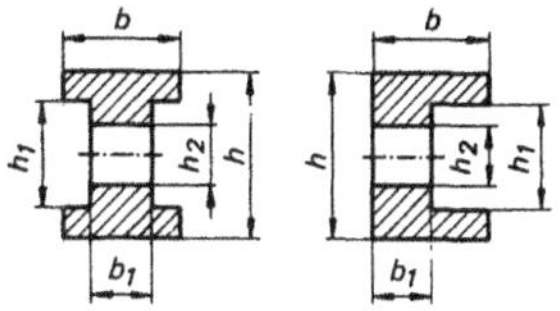

$$I = \frac{b(h^3 - h_1^3) + b_1(h_1^3 - h_2^3)}{12}$$

$$W = \frac{b(h^3 - h_1^3) + b_1(h_1^3 - h_2^3)}{6h}$$

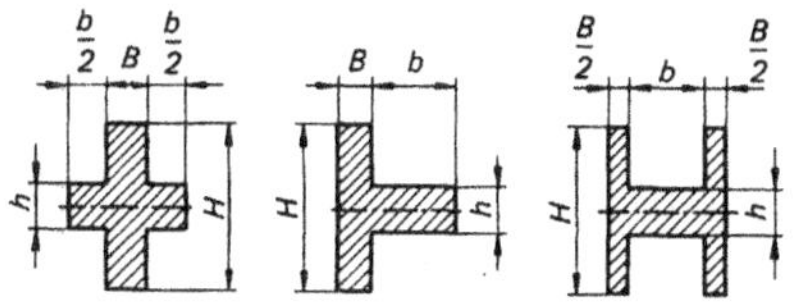

$$I = \frac{BH^3 + bh^3}{12}$$

$$W = \frac{BH^3 + bh^3}{6H}$$

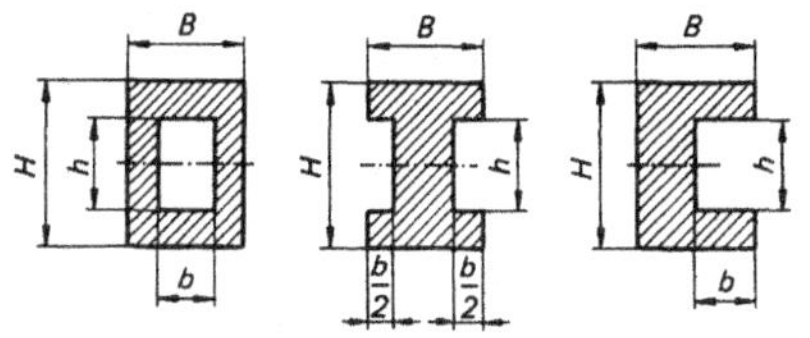

$$I = \frac{BH^3 - bh^3}{12}$$

$$W = \frac{BH^3 - bh^3}{6H}$$

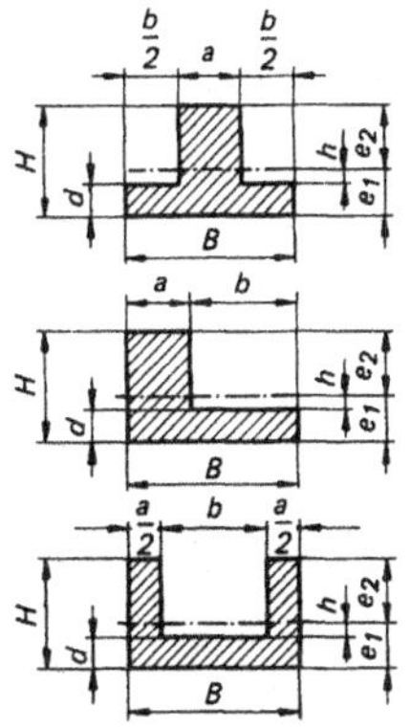

$$I = \frac{1}{3}(Be_1^3 - bh^3 + ae_2^3)$$

$$e_1 = \frac{1}{2} \cdot \frac{aH^2 + bd^2}{aH + bd}$$

$$e_2 = H - e_1$$

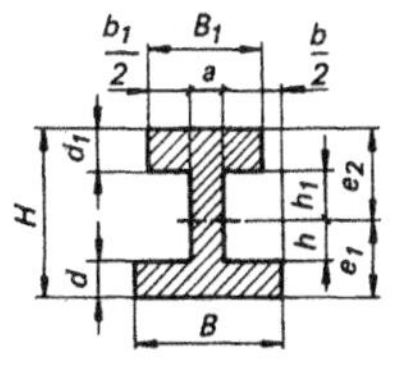

$$I = \frac{1}{3}(Be_1^3 - bh^3 + B_1 e_2^3 - bh_1^3)$$

$$e_1 = \frac{1}{2} \cdot \frac{aH^2 + bd^2 + b_1 d_1(2H - d_1)}{aH + bd + b_1 d_1}$$

$$e_2 = H - e_1$$

Polare Flächenmomente 2. Grades I_p und Widerstandsmomente W_p für Torsion

Querschnitt	Widerstandsmoment W_p	Flächenmoment I_p	Bemerkung
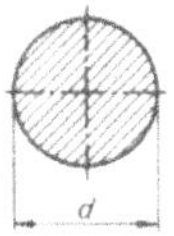	$W_p = \frac{\pi}{16} d^3 \approx \frac{d^3}{5}$	$I_p = \frac{\pi}{32} d^4 \approx \frac{d^4}{10}$	größte Spannung in allen Punkten des Umfanges
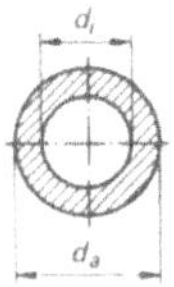	$W_p = \frac{\pi}{16} \cdot \frac{d_a^4 - d_i^4}{d_a}$	$I_p = \frac{\pi}{32} (d_a^4 - d_i^4)$	größte Spannung in allen Punkten des Umfanges
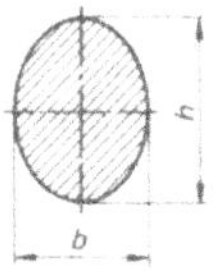	$W_p = \frac{\pi}{16} n b^3$; $\frac{h}{b} = n > 1$	$I_p = \frac{\pi}{16} \cdot \frac{n^3 b^4}{n^2 + 1}$	in den Endpunkten der kleinen Achse: $\tau_{t\,max} = \frac{T}{W_p}$ in den Endpunkten der großen Achse: $\tau_t = \frac{\tau_{t\,max}}{n}$
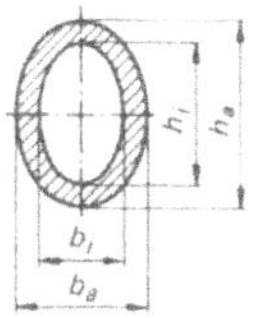	$\frac{h_a}{b_a} = \frac{h_i}{b_i} = n > 1$ $\frac{h_i}{h_a} = \frac{b_i}{b_a} = \alpha < 1$ $W_p = \frac{\pi}{16} n b_a^3 (1 - \alpha^4)$	$I_p = \frac{\pi}{16} \cdot \frac{n^3}{n^2 + 1} \cdot b_a^4 (1 - \alpha^4)$	in den Endpunkten der kleinen Achse: $\tau_{t\,max}$ in den Endpunkten der großen Achse: $\tau_t = \frac{\tau_{t\,max}}{n}$
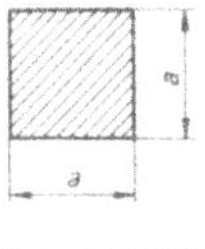	$W_p = 0{,}208\, a^3$	$I_p = 0{,}14\, a^4 = \frac{a^4}{7{,}1}$	in der Mitte der Seite: $\tau_{t\,max}$ in den Ecken: $\tau_t = 0$
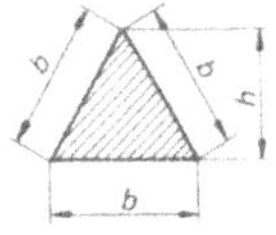	$W_p = 0{,}05 b^3 = \frac{h^3}{7{,}5\sqrt{3}}$ $W_p = \frac{h^3}{13} = \frac{2 I_t}{h}$	$I_p = \frac{h^4}{15\sqrt{3}}$ $I_p = \frac{b^4}{46{,}2}$	in der Mitte der Seite: $\tau_{t\,max}$ in den Ecken: $\tau_t = 0$

Richtwerte für die Kerbwirkungszahl β_k

Kerbform	Beanspruchung	Werkstoff	β_k
Hinterdrehung in Welle (Rundkerbe)	Biegung	S235JR ... E335	1,5 ... 2,2
Hinterdrehung in Welle (Rundkerbe)	Verdrehung	S235JR ... E335	1,3 ... 1,8
Eindrehung für Sg-Ring in Welle	Biegung und Verdrehung	S235JR ... E335	3 ... 4
abgesetzte Welle (Lagerzapfen)	Biegung	S235JR ... E335	1,5 ... 2,0
abgesetzte Welle (Lagerzapfen)	Verdrehung	S235JR ... E335	1,3 ... 1,8
Passfedernut in Welle	Biegung		1,5
Passfedernut in Welle	Biegung	Cr-Ni-St	1,8
Passfedernut in Welle	Verdrehung	S235JR ... E335	2,3
Passfedernut in Welle	Verdrehung	Cr-Ni-St	2,8
Querbohrung in Achse (Schmierloch)	Biegung und Verdrehung		1,4 ... 1,7
Bohrung in Flachstab	Zug	S235JR ... E335	1,6 ... 1,8
Bohrung in Flachstab	Biegung	S235JR ... E335	1,3 ... 1,5
Welle an Übergangsstelle zu festsitzender Nabe	Biegung und Verdrehung	S235JR ... E335	2

Oberflächenbeiwert b_1

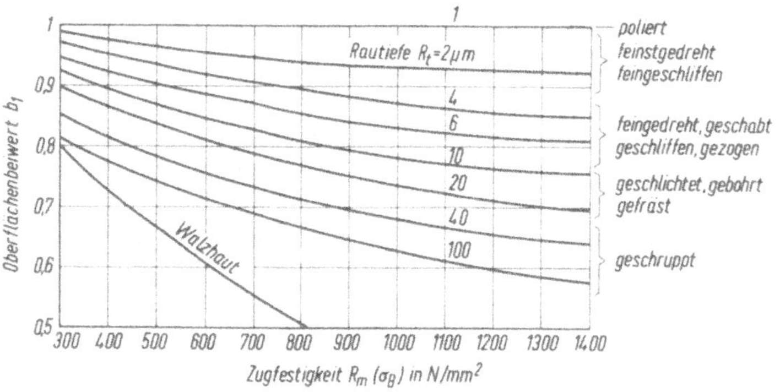

Größenbeiwert b_2 für Kreisquerschnitte

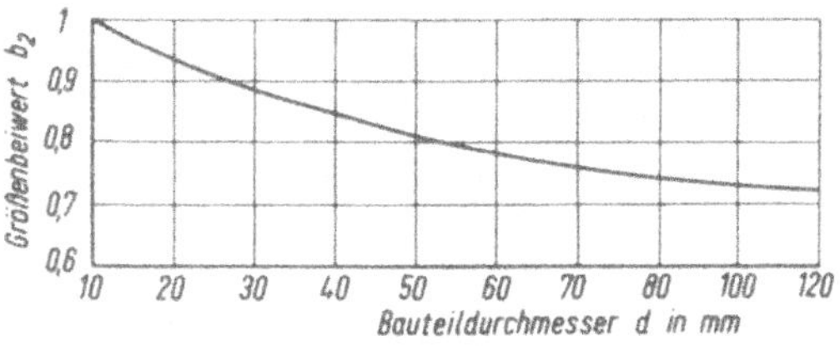

Für andere Querschnittsformen kann etwa gesetzt werden:

bei Biegung für Quadrat: Kantenlänge ≈ d; für Rechteck: in Biegeebene liegende Kantenlänge ≈ d

bei Verdrehung für Quadrat und Rechteck: Flächendiagonale ≈ d

Festigkeitslehre

Festigkeitswerte zum Ansatz der zulässigen Spannung (alle Werte in N/mm^2)

Werkstoff	Elastizitäts-modul E	R_m	R_e $R_{p0,2}$	$\sigma_{z\,Sch}$	$\sigma_{z\,W}$	$\sigma_{b\,Sch}$	$\sigma_{b\,W}$	$\tau_{t\,Sch}$	$\tau_{t\,W}$	Schub-modul G
S235JR	210 000	370	235	235	175	340	200	170	140	80 000
E295	210 000	500	295	295	230	420	260	210	180	80 000
E335	210 000	600	335	335	270	470	300	230	210	80 000
E360	210 000	700	360	360	320	520	340	260	240	80 000
50CrMo4	210 000	–	900	860	500	940	540	630	370	80 000
20MnCr5	210 000	–	700	700	540	980	600	490	340	80 000
AlCuMg	72 000	420	280	190	110	270	150	130	90	28 000

Festigkeitswerte für Gusseisen zum Ansatz der zulässigen Spannung (alle Werte in N/mm^2)

Werkstoff	Elastizitäts-modul E	R_m	σ_{bB}	σ_{dB}	$\sigma_{z\,W}$	$\sigma_{b\,W}$	$\tau_{t\,W}$	$\sigma_{d\,Sch}$	Schub-modul G
GJL-150	80 000	150	250	600	40	70	50	170	35 000
GJL-200	100 000	200	290	720	50	90	70	200	40 000
GJL-250	110 000	250	340	840	60	120	90	280	50 000
GJS-600-3	120 000	600	480	1200	80	140	100	320	60 000
GJMW-400-5	170 000	400	800	1200	100	160	120	250	68 000
GJMB-350-10	170 000	350	700	1400	80	190	100	200	68 000

Diese Werte gelten für 15 ... 30 mm Wanddicke; für 8 ... 15 mm 10 % höher, für > 30 mm 10 % niedriger; Dauerfestigkeitswerte im bearbeiteten Zustand; für Gusshaut 20 % Abzug.

Bevorzugte Maße in Festigkeitsrechnungen

Beispiel: Die Wellenberechnung ergibt als erforderlichen Durchmesser d_{erf} = 20,4 mm. Als Ergebnis wird d = 21 mm festgelegt.

0,1	0,12	0,16	0,2	0,25	0,3	0,4	0,5	0,6	0,8				
1	1,1	1,2	1,4	1,5	1,6	1,8	2	2,2	2,5	2,8	3	3,2	3,5
4	4,5	5	5,5	6	7	8	9						
10	11	12	13	14	15	16	17	18	19	20	21	22	23
24	25	26	28	30	32	34	35	36	38	40	42	44	45
46	48	50	52	53	55	56	58	60	62	63	65	67	68
70	71	72	75	78	80	82	85	88	90	92	95	98	
100	105	110	115	120	125	130	135	140	145	150	155	160	165
170	175	180	185	190	195	200	210	220	230	240	250	260	270
280	290	300	310	315	320	330	340	350	355	360	370	375	380
390	400	410	420	430	440	450	460	470	480	490	500	520	530
550	560	580	600	630	650	670	700	710	750	800	850	900	950

Warmgewalzter gleichschenkliger rundkantiger Winkelstahl

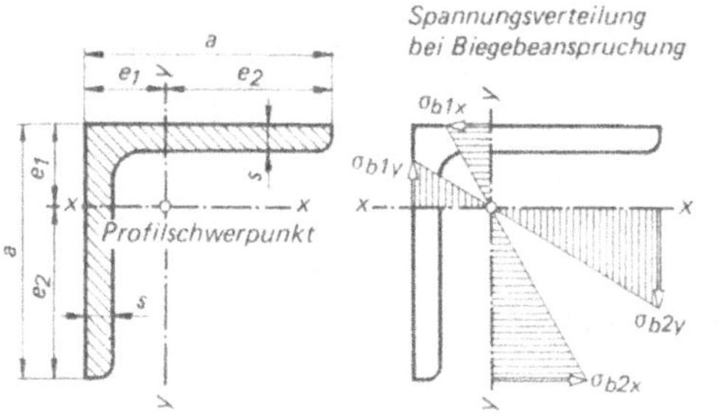

Beispiel für die Bezeichnung eines gleichschenkligen Winkelstahls und für das Auswerten der Tabelle:

L 40 × 6 DIN 1028 – USt 37-2

Schenkelbreite	$a = 40$ mm
Schenkeldicke	$s = 6$ mm
Flächenmoment 2. Grades	$I_x = 6{,}33 \cdot 10^4$ mm^4
Widerstandsmoment	$W_{x_1} = 5{,}28 \cdot 10^3$ mm^3
	$W_{x_2} = 2{,}26 \cdot 10^3$ mm^3
Oberfläche je Meter Länge	$A'_0 = 0{,}16$ m^2/m
Profilumfang	$U = 0{,}16$ m
Trägheitsradius	$i_x = \sqrt{I_x / S} = 11{,}9$ mm

Kurzzeichen	a/s mm	Querschnitt mm^2	e_1/e_2 mm	$I_x = I_y$ $\cdot 10^4$ mm^4	$W_{x1} = W_{y1}$ $\cdot 10^3$ mm^3	$W_{x2} = W_{y2}$ $\cdot 10^3$ mm^3	Oberfläche je Meter Länge A'_0 m^2/m [1]	Gewichtskran je Meter Länge F'_G N/m
20 × 4	20/ 4	145	6,4/ 13,6	0,48	0,75	0,35	0,08	11,2
25 × 5	25/ 5	226	8 / 17	1,18	1,48	0,69	0,10	17,4
30 × 5	30/ 5	278	9,2/ 20,8	2,16	2,35	1,04	0,12	21,4
35 × 5	35/ 5	328	10,4/ 24,6	3,56	3,42	1,45	0,14	25,3
40 × 6	40/ 6	448	12 / 28	6,33	5,28	2,26	0,16	34,5
45 × 6	45/ 6	509	13,2/ 31,8	9,16	6,94	2,88	0,17	39,2
50 × 6	50/ 6	569	14,5/ 35,5	12,8	8,83	3,61	0,19	43,8
50 × 8	50/ 8	741	15,2/ 34,8	16,3	10,7	4,68	0,19	57,1
55 × 8	55/ 8	823	16,4/ 38,6	22,1	13,5	5,73	0,21	63,4
60 × 6	60/ 6	691	16,9/ 43,1	22,8	13,5	5,29	0,23	53,2
60 × 10	60/10	1110	18,5/ 41,5	34,9	18,9	8,41	0,23	85,2
65 × 8	65/ 8	985	18,9/ 46,1	37,5	19,8	8,13	0,25	75,9
70 × 7	70/ 7	940	19,7/ 50,3	42,4	21,5	8,43	0,27	72,4
70 × 9	70/ 9	1190	20,5/ 49,5	52,6	25,7	10,6	0,27	91,6
70 × 11	70/11	1430	21,3/ 48,7	61,8	29,0	12,7	0,27	110,1
75 × 8	75/ 8	1150	21,3/ 53,7	58,9	27,7	11,0	0,29	88,6
80 × 8	80/ 8	1230	22,6/ 57,4	72,3	32,0	12,6	0,31	94,7
80 × 10	80/10	1510	23,4/ 56,6	87,5	37,4	15,5	0,31	116,7
80 × 12	80/12	1790	24,1/ 55,9	102	42,3	18,2	0,31	138,3
90 × 9	90/ 9	1550	25,4/ 64,6	116	45,7	18,0	0,35	119,4
90 × 11	90/11	1870	26,2/ 63,8	138	52,7	21,6	0,36	144,0
100 × 10	100/10	1920	28,2/ 71,8	177	62,8	24,7	0,39	147,9
100 × 14	100/14	2620	29,8/ 70,2	235	78,9	33,5	0,39	201,8
110 × 12	110/12	2510	31,5/ 78,5	280	88,9	35,7	0,43	193,3
120 × 13	120/13	2970	34,4/ 85,6	394	115	46,0	0,47	228,7
130 × 12	130/12	3000	36,4/ 93,6	472	130	50,4	0,51	231,0
130 × 16	130/16	3930	38,0/ 92	605	159	65,8	0,51	302,6
140 × 13	140/13	3500	39,2/100,8	638	163	63,3	0,55	269,5
140 × 15	140/15	4000	40,0/100,0	723	181	72,3	0,55	308,0
150 × 12	150/12	3480	41,2/108,8	737	179	67,7	0,59	268,0
150 × 16	150/16	4570	42,9/107,1	949	221	88,7	0,59	351,9
150 × 20	150/20	5630	44,4/105,6	1150	259	109	0,59	433,6
160 × 15	160/15	4610	44,9/115,1	1100	245	95,6	0,63	355,0
160 × 19	160/19	5750	46,5/113,5	1350	290	119	0,63	442,8
180 × 18	180/18	6190	51,0/129,0	1870	367	145	0,71	476,7
180 × 22	180/22	7470	52,6/127,4	2210	420	174	0,71	575,3
200 × 16	200/16	6180	55,2/144,8	2340	424	162	0,79	475,9
200 × 20	200/20	7640	56,8/143,2	2850	502	199	0,79	588,3
200 × 24	200/24	9060	58,4/141,6	3330	570	235	0,79	697,7
200 × 28	200/28	10500	59,9/140,1	3780	631	270	0,79	808,6

[1] Die Zahlenwerte geben zugleich den Profilumfang U in m an.

Festigkeitslehre

Warmgewalzte schmale I-Träger

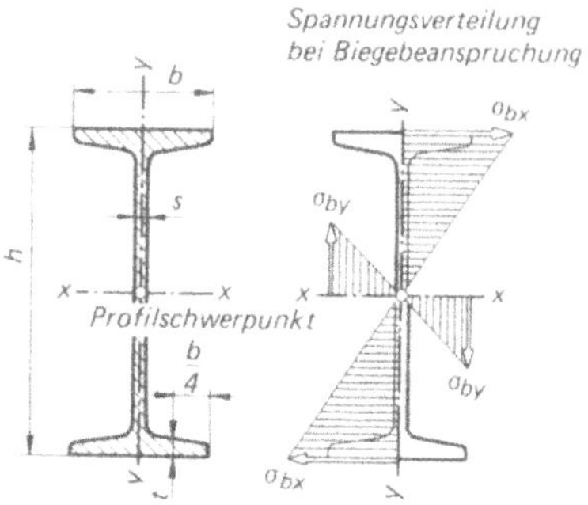

Beispiel für die Bezeichnung eines schmalen I-Trägers mit geneigten inneren Flanschflächen und für das Auswerten der Tabelle:

I 80 DIN 1025 – USt 37-2

Höhe	h = 80 mm
Breite	b = 42 mm
Flächenmoment 2. Grades	$I_x = 77 \cdot 10^4\ mm^4$
Widerstandsmoment	$W_x = 19{,}5 \cdot 10^3\ mm^3$
Oberfläche je Meter Länge	$A'_0 = 0{,}304\ m^2/m$
Profilumfang	$U = 0{,}304$ m
Trägheitsradius	$i_x = \sqrt{I_x / S} = 32$ mm

Kurzzeichen I	h mm	b mm	s mm	t mm	Querschnitt S mm^2	I_x $\cdot 10^4\ mm^4$	W_x $\cdot 10^3\ mm^3$	I_y $\cdot 10^4\ mm^4$	W_x $\cdot 10^3\ mm^3$	Oberfläche je Meter Länge A'_0 m^2/m [1)]	Gewichtskraft je Meter Länge F'_G N/m
80	80	42	3,9	5,9	758	77,8	19,5	6,29	3,00	0,304	58,4
100	100	50	4,5	6,8	1060	171	34,2	12,2	4,88	0,370	81,6
120	120	58	5,1	7,7	1420	328	54,7	21,5	7,41	0,439	110
140	140	66	5,7	8,6	1830	573	81,9	35,2	10,7	0,502	141
160	160	74	6,3	9,5	2280	935	117	54,7	14,8	0,575	176
180	180	82	6,9	10,4	2790	1450	161	81,3	19,8	0,640	215
200	200	90	7,5	11,3	3350	2140	214	117	26,0	0,709	258
220	220	98	8,1	12,2	3960	3060	278	162	33,1	0,775	305
240	240	106	8,7	13,1	4610	4250	354	221	41,7	0,844	355
260	260	113	9,4	14,1	5340	5740	442	288	51,0	0,906	411
280	280	119	10,1	15,2	6110	7590	542	364	61,2	0,966	471
300	300	125	10,8	16,2	6910	9800	653	451	72,2	1,03	532
320	320	131	11,5	17,3	7780	12510	782	555	84,7	1,09	599
340	340	137	12,2	18,3	8680	15700	923	674	98,4	1,15	668
360	360	143	13,0	19,5	9710	19610	1090	818	114	1,21	746
380	380	149	13,7	20,5	10700	24010	1260	975	131	1,27	824
400	400	155	14,4	21,6	11800	29210	1460	1160	149	1,33	908
425	425	163	15,3	23,0	13200	36970	1740	1440	176	1,41	1020
450	450	170	16,2	24,3	14700	45850	2040	1730	203	1,48	1128
475	475	178	17,1	25,6	16300	56480	2380	2090	235	1,55	1256
500	500	185	18,0	27,0	18000	68740	2750	2480	268	1,63	1383
550	550	200	19,0	30,0	21300	99180	3610	3490	349	1,80	1638
600	600	215	21,6	32,4	25400	139000	4630	4670	434	1,92	1952

1) Die Zahlenwerte geben zugleich den Profilumfang U in m an.

Warmgewalzte I-Träger, IPE-Reihe

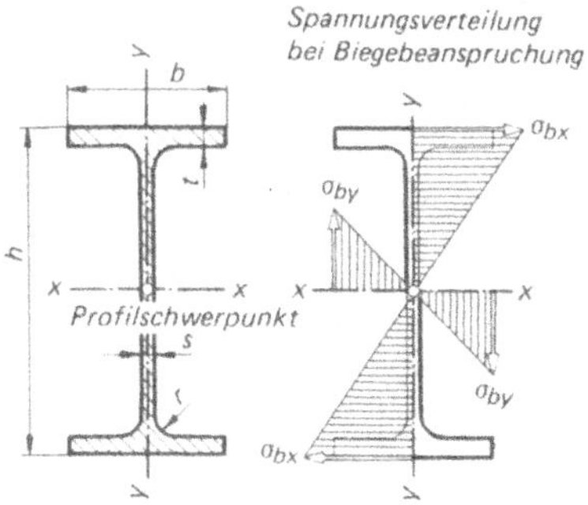

Beispiel für die Bezeichnung eines mittelbreiten I-Trägers mit parallelen Flanschflächen und für das Auswerten der Tabelle:
IPE 80 DIN 1025 – USt 37-2

Höhe	h = 80 mm
Breite	b = 46 mm
Flächenmoment 2. Grades	$I_x = 80{,}1 \cdot 10^4$ mm^4
Widerstandsmoment	$W_x = 20{,}0 \cdot 10^3$ mm^3
Oberfläche je Meter Länge	A'_0 = 0,328 m^2/m
Profilumfang	U = 0,328 m
Trägheitsradius	$i_x = \sqrt{I_x / S}$ = 32 ,4 mm

Kurzzeichen IPE	b mm	t mm	h mm	s mm	s mm	Querschnitt S mm^2	I_x $\cdot 10^4$ mm^4	W_y $\cdot 10^3$ mm^3	I_y $\cdot 10^4$ mm^4	W_y $\cdot 10^3$ mm^3	Oberfläche je Meter Länge A'_0 m^2/m [1]	Gewichtskraft je Meter Länge F'_G N/m
80	46	5,2	80	3,8	5	764	80,1	20,0	8,49	3,69	0,328	59
100	55	5,7	100	4,1	7	1030	171	34,2	15,9	5,79	0,400	79
120	64	6,3	120	4,4	7	1320	318	53,0	27,7	8,65	0,475	102
140	73	6,9	140	4,7	7	1640	541	77,3	44,9	12,3	0,551	126
160	82	7,4	160	5,0	9	2010	869	109	68,3	16,7	0,623	155
180	91	8,0	180	5,3	9	2390	1320	146	101	22,2	0,698	184
200	100	8,5	200	5,6	12	2850	1940	194	142	28,5	0,768	220
220	110	9,2	220	5,9	12	3340	2770	252	205	37,3	0,848	257
240	120	9,8	240	6,2	15	3910	3890	324	284	47,3	0,922	301
270	135	10,2	270	6,6	15	4590	5790	429	420	62,2	1,041	353
300	150	10,7	300	7,1	15	5380	8360	557	604	80,5	1,155	414
330	160	11,5	330	7,5	18	6260	11770	713	788	98,5	1,254	482
360	170	12,7	360	8,0	18	7270	16270	904	1040	123	1,348	560
400	180	13,5	400	8,6	21	8450	23130	1160	1320	146	1,467	651
450	190	14,6	450	9,4	21	9880	33740	1500	1680	176	1,605	761
500	200	16,0	500	10,2	21	11600	48200	1930	2140	214	1,738	893
550	210	17,2	550	11,1	24	13400	67120	2440	2670	254	1,877	1032
600	220	19,0	600	12,0	24	15600	92080	3070	3390	308	2,014	1200

[1] Die Zahlenwerte geben zugleich den Profilumfang U in m an.

Festigkeitslehre

Warmgewalzter rundkantiger U-Stahl

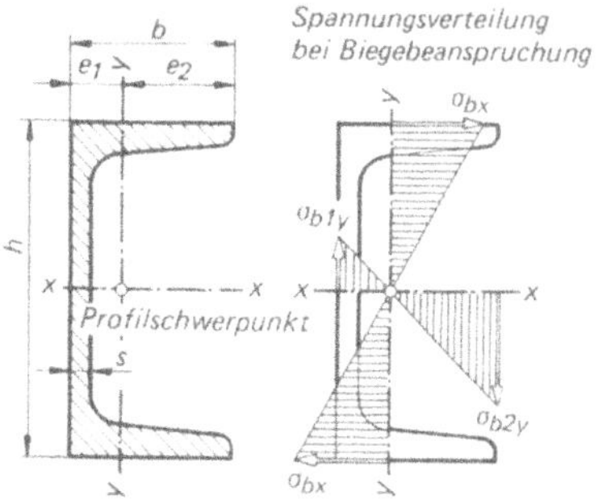

Beispiel für die Bezeichnung eines U-Stahls und für das Auswerten der Tabelle:

U 100 DIN 1026 – USt 37-2

Höhe	$h = 100$ mm
Breite	$b = 50$ mm
Flächenmoment 2. Grades	$I_x = 206 \cdot 10^4$ mm^4
Widerstandsmoment	$W_x = 41{,}2 \cdot 10^3$ mm^3
Flächenmoment 2. Grades	$I_y = 29{,}3 \cdot 10^4$ mm^4
Widerstandsmoment	$W_{y_1} = 18{,}9 \cdot 10^3$ mm^3
	$W_{y_2} = 8{,}49 \cdot 10^3$ mm^3
Oberfläche je Meter Länge	$A'_0 = 0{,}372$ m^2/m
Profilumfang	$U = 0{,}372$ m
Trägheitsradius	$i_x = \sqrt{I_x / S} = 39{,}1$ mm

Kurzzeichen U	h mm	b mm	s mm	Querschnitt S mm^2	e_1/e_2 mm	I_x $\cdot 10^4$ mm^4	W_x $\cdot 10^3$ mm^3	I_y $\cdot 10^4$ mm^4	W_{y1} $\cdot 10^3$ mm^3	W_{y2} $\cdot 10^3$ mm^3	Oberfläche je Meter Länge A'_0 m^2/m 1)	Gewichtskraft je Meter Länge F'_G N/m
30 × 15	30	15	4	221	5,2/ 9,8	2,53	1,69	0,38	0,73	0,39	0,103	17,0
30	30	33	5	544	13,1/19,9	6,39	4,26	5,33	4,07	2,68	0,174	41,9
40 × 20	40	20	5	366	6,7/13,3	7,58	3,79	1,14	1,70	0,86	0,142	28,2
40	40	35	5	621	13,3/21,7	14,1	7,05	6,68	5,02	3,08	0,200	47,8
50 × 25	50	25	5	492	8,1/16,9	16,8	6,73	2,49	3,07	1,47	0,181	37,9
50	50	38	5	712	13,7/24,3	26,4	10,6	9,12	6,66	3,75	0,232	54,8
60	60	30	6	646	9,1/20,9	31,6	10,5	4,51	4,98	2,16	0,215	49,7
65	65	42	5,5	903	14,2/27,8	57,5	17,7	14,1	9,93	5,07	0,273	69,5
80	80	45	6	1100	14,5/30,5	106	26,5	19,4	13,4	6,36	0,312	84,7
100	100	50	6	1350	15,5/34,5	206	41,2	29,3	18,9	8,49	0,372	104,0
120	120	55	7	1700	16,0/39,0	364	60,7	43,2	27,0	11,1	0,434	130,9
140	140	60	7	2040	17,5/42,5	605	86,4	62,7	35,8	14,8	0,489	157,1
160	160	65	7,5	2400	18,4/46,6	925	116	85,3	46,4	18,3	0,546	184,8
180	180	70	8	2800	19,2/50,8	1350	150	114	59,4	22,4	0,611	215,6
200	200	75	8,5	3220	20,1/54,9	1910	191	148	73,6	27,0	0,661	248,0
220	220	80	9	3740	21,4/58,6	2690	245	197	92,1	33,6	0,718	288,0
240	240	85	9,5	4230	22,3/62,7	3600	300	248	111	39,6	0,775	325,7
260	260	90	10	4830	23,6/66,4	4820	371	317	134	47,7	0,834	372
280	280	95	10	5330	25,3/69,7	6280	448	399	158	57,3	0,890	410,5
300	300	100	10	5880	27,0/73,0	8030	535	495	183	67,8	0,950	452,8
320	320	100	14	7580	26,0/74,0	10870	679	597	230	80,7	0,982	583,7
350	350	100	14	7730	24,0/76,0	12840	734	570	238	75,0	1,05	595,3
380	380	102	13,5	8040	23,8/78,2	15760	829	615	258	78,6	1,11	619,1
400	400	110	14	9150	26,5/83,5	20350	1020	846	355	101	1,18	704,6

1) Die Zahlenwerte geben zugleich den Profilumfang U in m an.

Niete und zugehörige Schrauben für Stahl- und Kesselbau

d_1 in mm	11	13	(15)	17	(19)	21	23	25	28	31	(34)	37
S_1 in mm^2 $= \frac{\pi}{4} d_1^2$	95	133	177	227	284	346	415	491	616	755	908	1075
d in mm (Rohnietdurchmesser)	10	12	(14)	16	(18)	20	22	24	27	30	(33)	36
Sechskantschraube	M 10	M 12	–	M 16	–	M 20	M 22	M 24	M 27	M 30	M 33	M 36

d_1 Durchmesser des geschlagenen Nietes = Nietlochdurchmesser

Größen in () möglichst vermeiden

Warmgewalzte Erzeugnisse aus unlegierten Baustählen,

DIN EN 10025, mechanische Eigenschaften, gewährleistete Mindestwerte

Stahlsorte [1)] Kurzbezeichnung	Werkstoff- Nr.	R_{eH} / $R_{p0,2}$ Nenndicken (mm)			R_m MPa	A in % [2)] Nenndicken (mm)		Bemerkungen
		≤ 16	≤ 100	≤ 200		≤ 1...< 3	≤ 3...< 40	
S185	1.0035	175	------	------	290 510	l: 10...14 t: 8...12	l: 18 t: 16	ohne gewährleistete. Kerbschlagarbeit, für Bauschlosserei
S 235 JR **S 235 JRG 1** **S 235 JRG 2** **S 235 J0** **S 235 J2G 3** **S 235 J2G 4**	1.0037 1.0036 1.0038 1.0114 1.0116 1.0117	235	215	185	340... 470	A_{80} l: 17...21 t: 15...19	A l: 26 t: 24	Niet- und Schweißkonstruktionen im Stahlbau, Flansche, Armaturen **schmelzschweißgeeignet**
S 275 JR **S 275 J0** **S 275 J2G 3** **S 275 J2G 4**	1.0044 1.0143 1.0144 1.0145	275	235	215	410... 560	l: 14...18 t: 12...20	l: 22 t: 20	Für höhere Beanspruchung im Stahl- und Fahrzeugbau, Kräne, Maschinengestelle **schmelzschweißgeeignet**
S 355 JR **S 355 J0** **S 355 J2G 3** **S 355 J2G 4** **S 355 K2G 3** **S 355 K2G 4**	1.0045 1.0153 1.0570 1.0577 1.0595 1.0596	355	315	285	490... 630	l: 14...18 t: 12...16	l: 22 t: 20	wie bei S275 **schmelzschweißgeeignet**
E 295	1.0050	295	255	235	470 ... 610	l: 12...16	l: 20 t: 18	Achsen, Wellen, Zahnräder, Kurbeln, Buchsen, Passfedern,
E 335	1.0060	335	295	265	570 ... 710	l: 8...12	l: 16 t: 14	Keile, Stifte, alle drei Sorten sind
E 360	1.0070	360	325	295	670 ... 830	l: 3...7	l: 11 t: 10	**pressschweißbar**

[1)] Zahlenangabe nach der Mindeststreckgrenze. Die Zeichen nach der Festigkeitsangabe sind Symbole für die Kerbschlagarbeit *KV* (ISO-Spitzkerbproben) nach Tafel.

Kerbschlagarbeit KV		Schlagtemperatur in °C		
Symbol	Betrag in J	+ 20	0	– 20
J	27 J	JR	J0	J2
K	40 J	KR	K0	K2

Die **Sprödbruchsicherheit** ist umso höher, je tiefer die Prüftemperaturen für die gewährleistete Kerbschlagarbeit *KV* liegen

Buchstaben: G3: Zustand normalisiert, G4 alle anderen Zustände nach Wahl des Herstellers.
S 235 JRG1 kann unberuhigt, alle anderen dürfen nicht unberuhigt vergossen werden.

[2)] Bruchdehnung A_{80} in % bei Feinblechen an Proben mit 80 mm Messlänge, bei größeren Dicken wird A an Normalproben ermittelt. Bedeutung von l = Längsprobe, t = Querprobe (travers);

Werkstofftechnik

Vergütungsstähle DIN EN 10083

		Durchmesserbereich $d \leq 16$ mm					$16 \leq d \leq 40$ mm				
lfdNr:	Stahlsorte	R_e	R_m MPa	A %	Z %	KV J	R_e	R_m MPa	A %	Z %	KV J
1	**C25E**	370	700 ... 550	19	45	–	320	650 ... 500	21	50	–
2	**C35E**	430	780 ... 630	17	40	–	370	750 ... 600	19	45	–
3	**C45E**	500	850 ... 700	14	35	–	430	800 ... 650	16	40	–
4	**C55E**	550	950 ... 800	12	25	–	500	900 ... 750	14	35	–
5	**C60E**	580	1000 ... 850	11	25	–	520	950 ... 800	13	30	–
6	**28Mn6**	590	930 ... 780	13	40	35	490	840 ... 690	15	45	40
7	**38Cr2**	550	950 ... 800	14	35	35	450	850 ... 700	15	40	35
8	**46Cr2**	650	1100 ... 900	12	35	30	550	950 ... 800	14	40	35
9	**34Cr4**	700	1000 ... 900	11	35	35	590	950 ... 800	14	40	40
10	**37Cr4**	750	1150 ... 950	11	35	30	630	950 ... 850	13	40	35
11	**41Cr4**	800	1200 ... 1000	10	30	30	660	1100 ... 900	12	35	35
12	**25CrMo4**	700	1100 ... 900	12	50	45	600	950 ... 800	14	55	50
13	**34CrMo4**	800	1200 ... 1000	11	45	35	650	1100 ... 900	12	50	40
14	**42CrMo4**	900	1300 ... 1100	10	40	30	750	1200 ... 1000	11	45	35
15	**50CrMo4**	900	1300 ... 1100	9	40	30	780	1200 ... 1000	10	45	30
16	**51CrV4**	900	1300 ... 1100	9	40	30	800	1200 ... 1000	10	45	30
17	**36CrNiMo4**	900	1300 ... 1100	10	45	35	800	1200 ... 1000	11	50	40
18	**34CrNiMo6**	1000	1400 ... 1200	9	40	35	900	1300 ... 1100	10	45	45
19	**30CrNiMo8**	1050	1450 ... 1250	9	40	30	1050	1450 ... 1250	9	40	30
20	**36NiCrMo16**	1050	1450 ... 1250	9	40	30	1050	1450 ... 1250	9	40	30

Automatenstähle DIN EN 10 096

Stahlsorte	Kurzname	Stoff.-Nr	Festigkeiten R_m	R_e	Härte HBW	Sorten mit 0,15 ... 0,35 % Pb,		Zustand
Wärmebehandlung nicht vorgesehen	**11SMn30**	1.0715	380...570	----	112...169	**11SMnPb30**	1.0718	U
	11SMn37	1.0736				**11SMnPb37**	1.0737	
Einsatzstähle	**10S20**	1.0721	360...530	----	107...156	**10SPb20**	1.07222	U
	15SMn13	1.0725	430...600	----	128...178			
Vergütungsstähle	**35S20**	1.0726	490...624	320	A = 16 %	**35SPb20**	1.0756	V
	38SMn26	1.0760	530...700	420	15 %	**38SMnPb26**	1.0761	
	44SMn28	1.0762	630...800	420	16 %	**44SMnPb28**	1.0763	
	46S20	1.0727	590...760	430	13 %	**46SMnPb20**	1.0757	

Eigenschaftswerte für den angegebenen Zustand im Ø-Bereich 16 ... 40 mm. U: unbehandelt, V: vergütet

Nitrierstähle, DIN EN 10 085

Stahlsorte		Eigenschaften vergütet					
Kurzname	Werkstoff-Nr.	Ø-Bereich mm	$R_{p0,2}$ MPa	A %	KV J	HV1	Eigenschaften, Anwendungen
31CrMo12	1.8215	40	850	10			warmfest, für Teile von Kunststoffmaschinen
		41...100	800	11	35	800	
31VrMoV9	1.8519	80	800	11	35	800	ionitrierte Zahnräder hoher Dauerfestigkeit
		81...150	750	13	35		
15CrMoV6-9	1.8521	100	750	10	30	800	größere Nitrierhärtetiefe, warmfest
		101...250	700	12	35		
34CrAlMo5	1.8507	70	600	14	35	950	Druckgießformen für Al-Legierungen
35CrAlNi7	1.8550	7 ...250	600	15	30	950	für große Querschnitte

Einsatzstähle DIN EN 10 084

Stahlsorte	Werkstoff-Nr.	HBW geglüht	Stirnabschreckversuch, Härte HRC für einen Stirnabstand in mm				Anwendungsbeispiele
			1,5	5	11	25	
C10E+H	1.1121	131					kleine Teile mit niedriger Kernfestigkeit:
C15E+H	1.1141	143					Bolzen, Zapfen, Buchsen, Hebel.
17Cr3+H	1.7016	174	39				w.o. mit höherer Kernfestigkeit
16MnCr5+H	1.7131	207	39	31	21		Zahnräder und Wellen im Fahrzeug- und
20MnCr5+H	1.7147	217	41	36	28	21	Getriebebau
20MoCr4+H	1.7321	207	41	31	22		besonders zum Direkthärten geeignet
22CrMoS3-5+H	1.7333	217	42	37	28	22	für größere Querschnitte
20NiCrMo2-2+H	1.6523	212	41	31	20		Getriebeteile höchster Zähigkeit
17CrNi6-6+H	1.5919	229	39	36	30	22	hochbeanspruchte Getriebeteile, Wellen,
18CrNiMo7-6+H	1.6587	229	40	39	36	31	Zahnräder

Federstähle

Federstähle DIN EN 10089 **warmgewalzt + vergütet**	in Dicken s = 3...20 mm
19 Sorten für Rund- und Flachstäbe, gerippter Federstahl und Walzdraht. Die Härte steigt mit dem C-Gehalt von 61 auf 66 HRC, die Durchhärtung mit dem LE-Gehalt von 7mm ∅(38Si7) auf 54 mm ∅ (52CrMoV4)	
38Si7 Federringe, Federplatten für Schraubensicherungen (wasservergütet), **54SiCr6** Blatt- und Kegelfedern für Schienenfahrzeuge bis 7 mm Dicke **60SiCr7** Fahrzeugblattfedern, Schrauben- und Tellerfedern **55Cr3**, hochbeanspruchte Blatt-, Schrauben-, Teller-, Drehstabfedern, Stabilisatoren **51CrV4, 52CrMoV4** desgl. höchstbeansprucht und für größere Abmessungen	Lieferformen sind +H (unterer Bereich des Streubandes), +HH (oberer Bereich der Stirnabschreckkurven)

Stahldraht für Federn DIN EN 10270-1 **patentiert + kaltgezogen** (Zustand +C, ∅ von 0,5...20 mm)								
Sorte (Zugfestigkeit [2])	Beanspruchung statisch	dynamisch	R_m in MPa für Draht-∅ in mm 1	4	6	8	10	15
SL (L niedrig)	S statisch überwiegt	dynam. selten	1720-	1320	1210	1120	1060	------
SM (M mittel)			1980-	1530	1400	1310	1240	1110
SH (H hoch)			2240	1740	1590	1490	1410	1270
DM (M mittel)	mittel	mittel	1980	1530	1400	1310	1240	1110
DH (H hoch)	hoch oder	mittel	2230	1740	1590	1490	1410	1270
Max. Einsatztemperatur 80 °C								

Stahldraht für Federn DIN EN 10270-2 ölschlussvergütet (∅ von 0,5... 10 (Sorten F bis 17 mm)												
	F-Sorten für überw. statische Belastung					T-Sorten, mittlere, V-Sorten hohe Dauerfestigkeit [1]						
Festigkeit R_m Mpa [2]	Sorten	T_{max} °C	Draht-∅ in mm ≤1	≤4	≤10	Sorten	T_{max} °C	Draht-∅ in mm ≤1	≤4	≤6	≤10	
niedrig	FDC	RT	1860	1550	1360	TDC, VDC	RT	1850	1550	1520	1390	
mittel	FDCrV	80	1960	1620	1450	TDCrV, VDCrV	80	1910	1620	520	1390	
hoch	FDSiCr	100	2100	1870	1660	TDSiCr, VDSiCr	100	2080	1860	1710	1670	

1) Die Sorten **V...** unterscheiden sich von den Sorten **T...** bei gleichen Zugfestigkeiten R_m durch geringere Gehalte an C, S und P und höhere Oberflächengüte;

2) Untere Werte der Zugfestigkeit R_m; E-Modul E = 206 000 MPa, Gleitmodul G = 81 500 MPa

Werkstofftechnik

Kaltarbeitsstähle, Auswahl aus 6 + 17 Sorten der DIN EN ISO 4957

Kurzname	Stoff.- Nr.	Eigenschaften, Anwendung
C45U	1.1730	Unlegiert, für Handwerkzeuge, Meißel, Aufbauteile von Werkzeugen
102Cr6	1.2067	Bördelrollen, Stempel, Lehren, Wälzlager
60WCrV8	1.2550	Schnitte u. Stempel für dickere Bleche, Holzbearbeitungswerkzeuge
X155CrVMo12-1	1.2379	Gewindewalzrollen und –backen, Schneid- und Stanzwerkzeuge für Blech < 6 mm, Feinschneidwerkzeuge bis 12 mm, Tiefziehwerkzeuge
X210CrW12	1.2436	durchhärtender, maßbeständiger, verschleißfester Stahl für Schnittplatten und– stempel, Tiefzieh- und Fließpresswerkzeuge
X220CrVMo13-4	1.2380	PM-Kaltarbeitsstahl, (K 190 PM Böhler), verzugsarm, hochverschleißfest

Warmarbeitsstähle, Auswahl aus DIN EN ISO 4957

Kurzname	Stoff.- Nr.	Eigenschaften, Anwendung
55NiCrMoV7 G56NiCrMoV7	1.2714	warmzäh, durchhärtend, weniger anlassbeständig. Gesenkstahl für große Hammergesenke (Vollform)
X38CrMoV5-1 GX38CrMoV5-1	1.2343	Hohe Warmfestigkeit und -zähigkeit, wenig empfindlich gegen Temperaturwechsel, warmverschleißfest. Gesenke, Schnecken und Zylinder für Kunststoff-Spritzgussmaschinen und Extruder
X40 CrMoV5-1 GX40CrMoV5-1	1.2344	wie vor, für größere Querschnitte, sekundärhärtend, Druckgieß- und Strangpresswerkzeuge, nitrierte Auswerfer, Warmscherenmesser
X32CrMoV3-3 GX32CrMoV3-3	1.2365	Hoch anlassbeständig (sekundärhärtend), wenig rissempfindlich bei Wasserkühlung, weniger durchhärtend, für kleinere Querschnitte, Druckgießformen

Kunststoff- Formenstähle, Auswahl

Kurzname	Stoff.-Nr.	Eigenschaften, Anwendung
21MnCr5	1.2162	Für Einsatzhärten, polierfähig, kalteinsenkbar. Für hochglanzpolierte flache Kunststoffformen, Führungssäulen
40CrMnNiMo8-6-4	1.2738	gut spanbar, polierbar, narbungsgeeignet, für Großformen mit tiefer Gravur, durch 1 % Ni durchvergütend
X38CrMo16	1.2316	gute Polierbarkeit, korrosionsbeständig, für aggressive Polymere

Gusseisen mit Kugelgraphit DIN EN 1563

Kurzname EN-GJS-	$R_{p0,2}$ MPa	$KV^{1)}$ in J / bei °C	Härte-Bereich HBW 30²⁾	σ_d MPa	σ_{bB} MPa	Grundgefüge
-350-22-LT	220	12 / – 40	110 ... 150			Ferrit
-400-18-LT	250	12 / – 20	120 ... 160	700		Ferrit
-400-15	250		140 ... 190	700	800 ... 900	überwieg. Ferrit
-450-10	310					Ferrit/Perlit
-500-7	320		150 ... 220	800	850 ...1000	Ferrit/Perlit
-600-3	380		200 ... 250	870	900 ...1100	Perlit
-700-2	440		230 ... 280	1000	1000 ...1200	Perlit
-800-2	500		250 ... 330	1150	1100 ...1300	Perlit/Bainit
-900-2	600					Perlit/Bainit

1) ISO-V-Probe; 2) Härteangaben je nach Wanddicke, nicht gewährleistet, nur Anhaltswerte

Gusseisen mit Lamellengraphit DIN EN 1561

Eigenschaft Formelz. / Einheit		Sorten EN GJL-				
		-150	-200	-250	-300	-350
Zugfestigkeit R_m	MPa	150 ... 250	200 ... 300	250 ... 350	350 ... 400	350 ... 450
0,1 %-Dehngrenze $R_{p0,2}$	MPa	98 ... 165	130 ... 195	165 ... 228	195 ... 260	228 ... 285
Bruchdehnung A	%	0,8 ... 0,3	0,8 ... 0,3	0,8 ... 0,3	0,8 ... 0,3	0,8 ... 0,3
Druckfestigkeit σ_{dB}	MPa	600	720	840	960	1080
Biegefestigkeit σ_{bB}	MPa	250	290	340	390	490
Torsionsfestigkeit τ_{tB}	MPa	170	230	290	345	400
Biegewechselfestigkeit σ_{bW}	MPa	70	90	120	140	145

Temperguss DIN EN 1562

Werkstoffbezeichnung DIN EN 1562	DIN 1692Z	$R_{p0,2}$ MPa	HBW 30 →	Anwendungsbeispiele (Härte HBW nur Anhaltswerte)
EN–GJMW– Entkohlend geglühter (weißer) Temperguss				
-350-4	GTW-35-04	----	max. 230	Für normalbeanspruchte Teile, Fittings, Förderkettenglieder, Schlossteile
-360-12	GTW-S38-12	190	max. 200	Schweißgeeignet für Verbunde mit Walzstahl, Teile für Pkw-Fahrwerk, Gerüststreben
-400-5	GTW-40-05	220	max. 220	Standardwerkstoff für dünnwandige Teile, Schraubzwingen, Kanalstreben, Gerüstbau, Rohrverbinder
-450-7	GTW-45-07	260	max. 220	Wärmebehandelt, höhere Zähigkeit Pkw-Anhängerkupplung, Getriebeschalthebel
-550-4	———	340	max. 250	
EN-GJMB- Nicht entkohlend geglühter (schwarzer)Temperguss				
-300-6	———	—	max. 150	Anwendung, wenn Druckdichtheit wichtiger als Festigkeit und Duktilität ist
-350-10	GTS-35-10	200	max. 150	Seilrollen mit Gehäuse, Möbelbeschläge, Schlüssel aller Art, Rohrschellen, Seilklemmen
-450-6	GTS-45-06		150...200	Schaltgabeln, Bremsträger
-500-5		300	165...215	
-550-4	GTS-55-04	340	180...230	Kurbelwellen, Kipphebel für Flammhärtung, Federböcke, Lkw-Radnabe
-600-3	———	390	195...245	
-650-2	GTS-65-02	430	210...260	Druckbeanspruchte kleine Gehäuse, Federauflage für Lkw (oberflächengehärtet)
-700-2	GTS-70-02	530	240...290	Verschleißbeanspruchte Teile (vergütet) Kardangabelstücke, Pleuel, Verzurrvorrichtung für Lkw
-800-1	———	600	270...310	Verschleißbeanspruchte kleinere Teile (vergütet)

Stahlguss für allgemeine Verwendungszwecke DIN 1681 (in den Entwurf E DIN 17205-3 übernommen)

Stahlsorte Kurzname	Stoff- Nr.	$R_{m,min}$ MPa	$R_{p0,2}$ MPa	A %	KV (J) ≤ 50 mm	Anwendungsbeispiele
G380	1.0420	380	200	25	35	Kompressorengehäuse
G450	1.0446	450	230	22	27	Konvertertragring
G520	1.0552	520	260	18	22	Walzwerksständer
G600	1.0558	600	300	15	20	Großzahnräder

Werkstofftechnik

Härteprüfung nach Brinell

$$\text{Brinellhärte HBW} = \frac{\text{Prüfkraft } F}{\text{Eindruckoberfläche } A} = \frac{0{,}204\,F}{\pi D(D - \sqrt{D^2 - d^2})}$$

HBW	F	D, d
—	N	mm

Beanspruchungsgrad *B* $B = \frac{0{,}102\,F}{D} F$

Prüfkraft *F* $F = \frac{BD}{0{,}102}$

Berechnete Zugfestigkeit R_m $\approx$ 10/3 HBW mit R_m in MPa

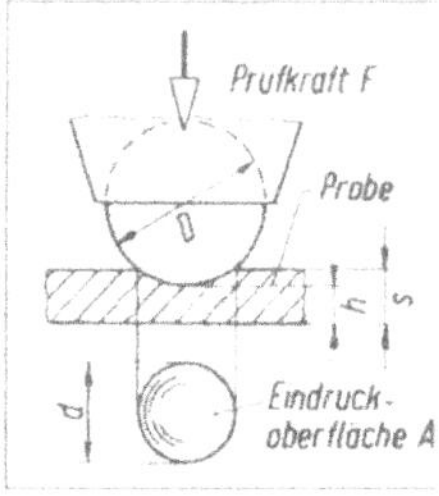

Mindestdicke der Proben in Abhängigkeit vom mittleren Eindruck-Ø (mm)

Eindruck-Ø d	Mindestdicke s der Proben für Kugel-Ø D in mm: $D = 1$	2	2,5	5	10
0,2	0,08				
1		1,07	0,83		
1,5			2,0	0,92	
2				1,67	
2,4				2,4	1,17
3				4,0	1,84
3,6					2,68
4					3,34
5					5,36
6					8,00

Werkstoffgruppen, Beanspruchungsgrad und erfassbarer Härtebereich

Werkstoffe	Brinellbereich HBW	Beanspruchungs-Grad B
Stahl, Ni, Ti		30
Gusseisen [1]	< 140	10
	> 140	30
Cu und Legierungen	35 ... 200	10
	< 200	30
	< 35	2,5
Leichtmetalle	< 35	2,5
	35 ... 80	5/ 10/ 15
	> 80	10/15
Pb, Sn		1

[1] Nur mit Kugel 2,5; 5 oder 10 mm Ø, Sinterformteile nach DIN EN 24 498-1

Härteprüfung nach Vickers

$$\text{Vickerhärte HV} = \frac{\text{Prüfkraft } F}{\text{Eindruckoberfläche } A} = \frac{0{,}189\,F}{d^2}$$

HV	F	d
1	N	mm

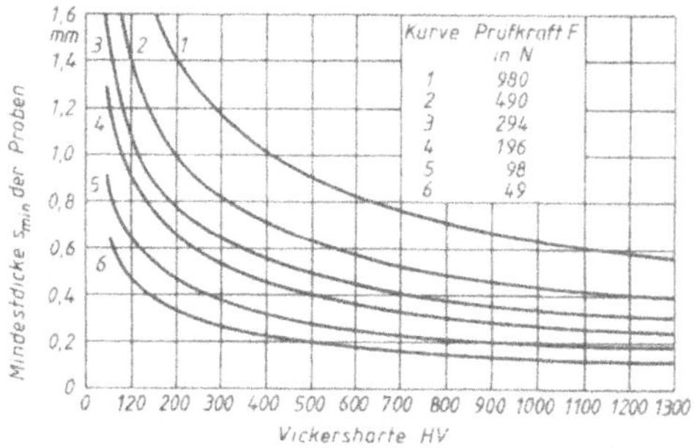

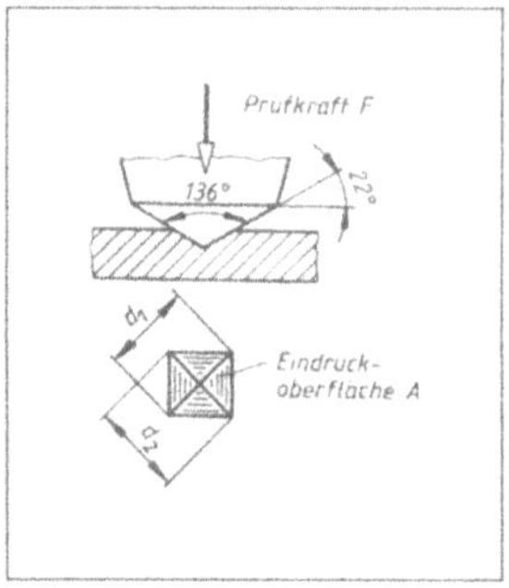

Rockwell-Verfahren

Prüfverfahren mit Diamantkegel						...mit Stahlkugel	
Kurzzeichen	**HRC**	**HRA**	**HR 15N**	**HR 30 N**	**HR45 N**	**HRB**	**HRF**
Prüfvorkraft F_0 in N	98		29,4			98	
Prüfkraft F_1	1373	490	117,6	264,6	411,6	882	490
Gesamtkraft F	1471	588	147	294	441	980	588
Messbereich	20 ... 70	60 ... 88	66...92	39...84	17...74	35...100	60...115
Härteskale in mm	0,2		0,1			0,2	
Werkstoffe	Stahl, gehärtet, angelassen	Wolfram-Blech > 0,4 mm	Dünne Proben > 0,15 mm, kleine Prüfflächen, dünne Oberflächenschichten			Stahl CuZn-Leg. CuSn-Leg.	St-Fein-Blech, CuZn weich
Berechnung der Rockwellhärten	HRC, HRA = 100 – 500 t_b t_b in mm		HRN = 100 – 100 t_b t_b in mm			HRB/HRF = 130 – 500 t_b t_b in mm	

Zugversuch DIN EN 10002, Werkstoffkennwerte

Werkstoffkennwerte	Formel [1]	Bemerkungen
E-Modul E	$E = \sigma / \varepsilon$	E-Modul errechnet sich aus dem Hook'schen Gesetz : $\sigma = E\ \varepsilon$ aus zwei zugeordneten Werten im elastischen Bereich
Zugfestigkeit R_m	$R_m = F_{max} / S_0$	F_{max} liegt beim Maximum der Kurve. Rechnerische Größe zum Werkstoffvergleich. Ideelle Spannung, welche die Dehnung 1, d.h. $\Delta L = L_0$ bewirken würde
Streckgrenze Re (R_{eH})	$Re = F_S / S_0$	Im Diagramm mit der ersten Unstetigkeit (relatives Maximum) verknüpft. Genauer als obere Streckgrenze R_{eH} bezeichnet. Merkmal für Baustähle, im Kurzzeichen enthalten
0,2%-Dehngrenze $R_{p0,2}$	$R_{p0,2} = F_{p0,2} / S_0$	$F_{p0,2}$ ist die Kraft, welche die Probe um 0,2 % von L_0 verlängert, entlastet gemessen und ermittelt, wenn keine erkennbare Streckgrenze vorliegt und meist auch unter *Streckgrenze* tabelliert.
Bruchdehnung A	$A = (L_u - L_0) / L_0$ Angaben in %	L_u ist der Abstand der Messmarken an der Zugprobe nach dem Bruch. A ist Mittelwert aus Gleichmaßdehnung A_g (ε_{gl}) und Einschnürdehnung A_q (ε_q)
Brucheinschnürung Z	$Z = S_0 - S_u / S_0$ Angaben in %	S_u ist die Bruchfläche, aus dem Mittelwert von zwei Durchmessern, senkrecht zueinander, errechnet.

[1] Berechnung F in N, S in mm²; L in mm; E, R, σ in MPa

Kerbschlagbiegeversuch

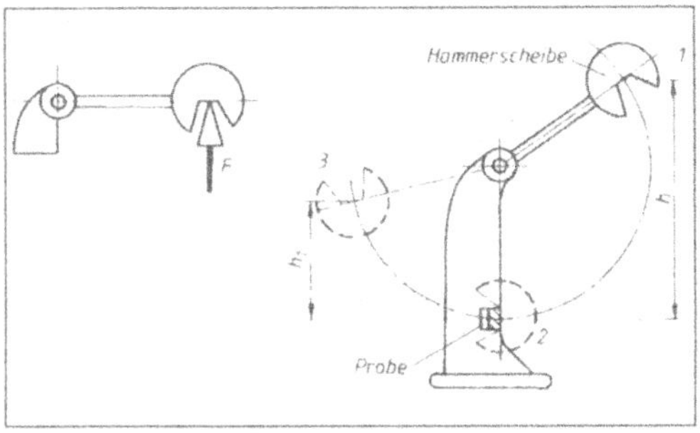

Kerbschlagarbeit KV
$KV = W_p - W_ü = F(h - h_1)$

KV, W	F	h, h_1
J	N	m

Zerspantechnik

Bestimmungsgleichungen für das Drehen, Hobeln und Stoßen

Schnittkraft F_c

$$F_c = afk_c$$

a Schnitttiefe
f Vorschub
k_c spezifische Schnittkraft

F_c	a	f	k_c
N	mm	$\frac{\text{mm}}{\text{U}}$	$\frac{\text{N}}{\text{mm}^2}$

Schnittleistung P_c

$$P_c = \frac{F_c v_c}{6 \cdot 10^4} = \frac{afk_c v_c}{6 \cdot 10^4}$$

P_c	F_c	a	f	k_c	v_c
kW	N	mm	$\frac{\text{mm}}{\text{U}}$	$\frac{\text{N}}{\text{mm}^2}$	$\frac{\text{m}}{\text{min}}$

Vorschubleistung P_f

$$P_m = \frac{F_f \cdot v_f}{6 \cdot 10^7}$$

F_c Schnittkraft
v_c Schnittgeschwindigkeit
F_f Vorschubkraft
v_f Vorschubgeschwindigkeit

P_f	F_f	v_f
kW	N	$\frac{\text{mm}}{\text{min}}$

Bei der Berechnung des Leistungsbedarfes ist die Vorschubleistung P_f wegen der geringen Vorschubgeschwindigkeit v_f vernachlässigbar.

Motorleistung P_m

$$P_m = \frac{P_c}{\eta_g}$$

P_c Schnittleistung
η_g Getriebewirkungsgrad

Schnitttiefe a für ökonomische Ausnutzung der Motorleistung P_m

$$a_{erf} = \frac{6 \cdot 10^4 P_m \eta_g}{fk_c v_c}$$

a_{erf}	P_m	f	k_c	v_c
mm	kW	$\frac{\text{mm}}{\text{U}}$	$\frac{\text{N}}{\text{mm}^2}$	$\frac{\text{m}}{\text{min}}$

P_m Motorleistung
η_g Getriebewirkungsgrad
f *Längsvorschub der Maschine*
k_c spezifische Schnittkraft
v_c Schnittgeschwindigkeit

Vorschübe f nach DIN 803 (Auszug)

0,01	0,0315	0,1	0,315	1	3,15
0,0112	0,0355	0,112	0,355	1,12	3,55
0,0125	0,04	0,125	0,4	1,25	4
0,014	0,045	0,14	0,45	1,4	4,5
0,016	0,05	0,16	0,5	1,6	5
0,018	0,056	0,18	0,56	1,8	5,6
0,02	0,063	0,2	0,63	2	6,3
0,0224	0,071	0,224	0,71	2,24	7,1
0,025	0,08	0,25	0,8	2,5	8
0,028	0,09	0,28	0,9	2,8	9

Die angegebenen Vorschübe sind gerundete Nennwerte der Grundreihe R 20 (Normzahlen) in mm/U mit dem Stufensprung $\varphi = 1{,}12$.

Spanungsdicke h_m

$$h_m = f \sin k$$

Spanungsbreite b

$$b = \frac{a}{\sin k}$$

Spanungsquerschnitt A

$$A = bh_m = af$$

Spanungsverhältnis ε_s

$$\varepsilon_s = \frac{b}{h_m} = \frac{a}{f \sin^2 k}$$

Schnittgeschwindigkeit v_c

$$v_c = \pi dn$$

v_c	d	n
$\frac{m}{min}$	m	min^{-1}

d Ausgangsdurchmesser des Werkstücks

n Drehzahl des Werkstücks

erforderliche Drehzahl n_{erf} des Werkstücks

$$\eta_{erf} = \frac{v_c}{\pi d}$$

n_{erf}	v_c	d
min^{-1}	$\frac{m}{min}$	m

v_c empfohlene Schnittgeschwindigkeit (nach Tabelle)

d Ausgangsdurchmesser des Werkstücks

Maschinendrehzahl n

Bei der Festlegung der Werkstückdrehzahl sind die einstellbaren Maschinendrehzahlen zu beachten:

Drehzahlen n (Lastdrehzahlen) nach DIN 804 in min^{-1}

10	31,5	100	315	1000
11,2	35,5	112	355	1120
12,5	40	125	400	1250
14	45	140	450	1400
16	50	160	500	1600
18	56	180	560	1800
20	63	200	630	2000
22,4	71	224	710	2240
25	80	250	800	2500
28	90	280	900	2800

Die angegebenen Drehzahlen sind Lastdrehzahlen (Abtriebsdrehzahlen bei Nennbelastung des Motors) als gerundete Nennwerte der Grundreihe R 20 (Normzahlen) mit dem Stufensprung $\varphi = 1{,}12$.

wirkliche Schnittgeschwindigkeit v_{cw}

$$v_{cw} = \pi dn$$

v_{cw}	d	n
$\frac{m}{min}$	m	min^{-1}

d Ausgangsdurchmesser des Werkstücks

n gewählte Maschinendrehzahl

Vorschubgeschwindigkeit v_f

$$v_f = fn$$

f Vorschub in mm/U

n Drehzahl des Werkstücks

v_f	f	n
$\frac{mm}{min}$	$\frac{mm}{U}$	min^{-1}

Zerspantechnik

Hauptnutzungszeit t_h beim Längsrunddrehen

$$t_h = \frac{L}{nf} i$$

$$L = l_s + l_a + l_w + l_ü$$

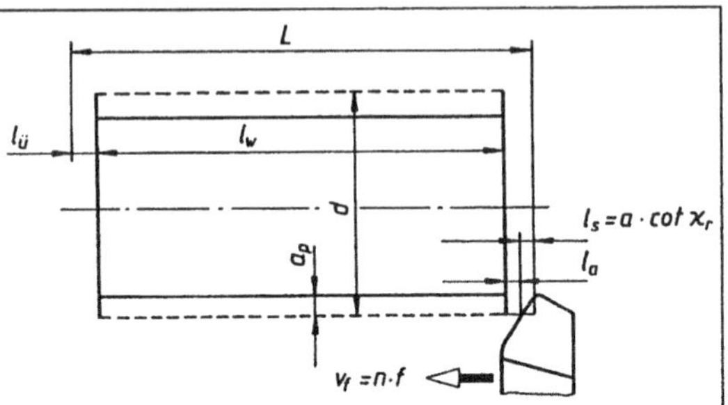

Hauptnutzungszeit t_h beim Querplandrehen

$$t_h = \frac{L}{nf} i$$

$$L = \frac{D_a - D_i}{2}$$

$$L = \frac{d_1 - d_2}{2} + l_a + l_s + l_ü$$

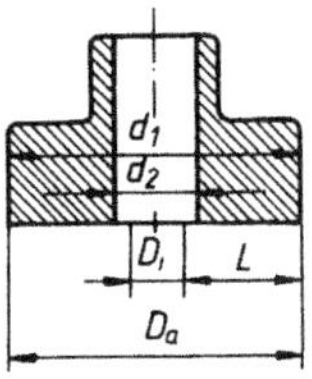

L	Vorschub	mm	d_1	Außendurchmesser	mm
l	Anlaufweg	mm	d_2	Innendurchmesser	mm
$l_ü$	Überlaufweg	mm	v_c	Schnittgeschwindigkeit	m/min
l_s	Schneidenzugabe	mm	n	Drehzahl = $318 \cdot v_c/D_a$	min^{-1}
i	Anzahl der Schnitte	mm	f	Vorschub	mm/U

Hauptnutzungszeit t_h beim Hobeln und Stoßen

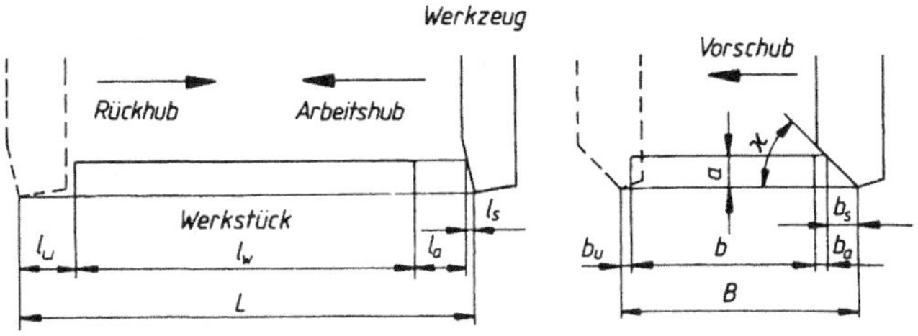

$$t_h = \frac{2\,LB}{1000 v_m f} i = \frac{B}{nf} i$$

$$L = l_w + l_a + l_s + l_ü$$

$$B = b_w + b_a + b_s + b_ü$$

$$v_m = 2 \frac{v_{ma}\, v_{mr}}{v_{ma} + v_{mr}}$$

$l_a = (10 \ldots 30)$ mm

$l_s = \frac{a \tan \lambda}{\sin k}$ für $\lambda < 0°$

$l_s = 0$ für $\lambda \geq 0°$

$b_a = (3 \ldots 5)$ mm

$b_s = a \cot k$

L	Hublänge	mm
B	Hobelbreite (Vorschubweg)	mm
a	Schnitttiefe	mm
f	Vorschub	mm/DH
n	Anzahl der Doppelhübe je min (min^{-1}), bei Stoßmaschinen gleich Drehzahl der Antriebskurbel	
v_m	mittlere Geschwindigkeit des Tisches oder Stößels	m/min
v_{ma}	mittlere Geschwindigkeit beim Arbeitshub	m/min
v_{mr}	mittlere Rücklaufgeschwindigkeit	m/min
i	Anzahl der Schnitte	

Bestimmungsgleichungen für das Fräsen

Schnittkraft F_{cz} beim Umfangfräsen (Mittelwert)

$$F_{cz} = a h_m \, k_c$$

F_{cz}	a_e, h_m	k_c
N	mm	$\frac{\text{m}}{\text{mm}^2}$

a_e Schnittbreite

k_c spezifische Schnittkraft

h_m Mittenspanungsdicke: $h_m = \frac{360°}{\pi \Delta\varphi°} \cdot \frac{a_p}{d} f_z$

$\Delta\varphi$ Eingriffswinkel: $\cos\Delta\varphi = 1 - \frac{2\,a_p}{d}$

a_p Eingriffsgröße; d Fräserdurchmesser

f_z Vorschub je Schneide (Zahnvorschub)

Schnittleistung P_c

$$P_c = \frac{F_{cz}\, z_e\, v_c}{6 \cdot 10^4}$$

P_c	F_{cz}	z_e	v_c
kW	N	1	$\frac{\text{m}}{\text{min}}$

F_{cz} Schnittkraft (Mittelwert)

z_e Anzahl der gleichzeitig im Schnitt stehenden Werkzeugschneiden:

$z_e = \frac{\Delta\varphi°\, z}{360°}$ $\Delta\varphi$ Eingriffswinkel; z Anzahl der Werkzeugschneiden

v_c Schnittgeschwindigkeit

Motorleistung P_m

$$P_m = \frac{P_c}{\eta_g}$$

η_g Getriebewirkungsgrad

Vorschub f

$$f = z\, f_z$$

f	f_z	z
$\frac{\text{mm}}{\text{U}}$	mm	1

z Anzahl der Werkzeugschneiden am Fräswerkzeug

f_z Vorschub je Schneide

Richtwerte für z für Fräswerkzeuge aus Schnellarbeitsstahl

Werkzeug	Fräserdurchmesser in mm								
	50	60	75	90	110	130	150	200	300
Walzenfräser	6	6	6	8	8	10	10		
Walzenstirnfräser	8	8	10	12	12	14	16		
Scheibenfräser	8	8	10	12	12	14	16	18	
Messerkopf					8	10	10	12	16

Zerspantechnik

Vorschub f_z je Schneide

$$f_z = \frac{f}{z}$$

f Vorschub des Werkzeugs in mm/U
z Anzahl der Werkzeugschneiden

Richtwerte für Zahnvorschub f_z

Werkzeug		Werkstoff Stahl	Gusseisen	Al-Legierung ausgehärtet
Walzenfräser, Walzenstirnfräser (Schnellarbeitsstahl)	f_z v_c	0,10 … 0,25 10 … 25	0,10 … 0,25 10 … 22	0,05 … 0,08 150 … 350
Formfräser, hinterdreht (Schnellarbeitsstahl)	f_z v_c	0,03 … 0,04 15 … 24	0,02 … 0,01 10 … 20	0,02 150 … 250
Messerkopf (Schnellarbeitsstahl)	f_z v_c	0,3 15 … 30	0,10 … 0,30 12 … 25	0,1 200 … 300
Messerkopf (Hartmetall)	f_z v_c	0,2 100 … 200	0,30 … 0,40 30 … 100	0,06 300 … 400

f_z Vorschub je Schneide (Zahn Vorschub) in mm/Schneidzahn
v_c Schnittgeschwindigkeit in m/min für Gegenlaufverfahren

Für das Gleichlaufverfahren können die angegebenen Richtwerte um 75 % erhöht werden.

Größere Richtwerte für v_c gelten jeweils für Schlichtzerspanung.

Kleinere Richtwerte für v_c gelten jeweils für Schruppzerspanung.

Richtwerte gelten für Eingriffsgrößen a_p (Umfangsfräsen) oder Schnitttiefen a_e (Stirnfräsen):

3 mm Walzenfräsern
5 mm bei Walzenstirnfräsern
bis 8 mm bei Messerköpfen

Spanungsquerschnitt A

$$A = b\,h = f_s\,a_p \qquad f_s = f_z \sin\Delta\varphi$$

Schnittgeschwindigkeit v_c

$$v_c = \pi d n$$

v_c	d	n
$\frac{\text{m}}{\text{min}}$	m	min^{-1}

erforderliche Werkzeugdrehzahl n_{erf}

$$n_{erf} = \frac{v_c}{\pi\,d}$$

n_{erf}	v_c	d
min^{-1}	$\frac{\text{m}}{\text{min}}$	m

v_c empfohlene Schnittgeschwindigkeit
d Werkzeugdurchmesser (Fräserdurchmesser)

Vorschub-geschwindigkeit v_f

$$v_f = fn = f_z z n$$

v_c	f	n	f_z	z
$\frac{\text{mm}}{\text{min}}$	$\frac{\text{mm}}{\text{U}}$	min^{-1}	mm	1

f Vorschub in mm/U
f_z Vorschub je Schneide (Zahnvorschub)
z Anzahl der Werkzeugschneiden
n Werkzeugdrehzahl (Fräserdrehzahl)

Berechnung der Hauptnutzungszeit t_h beim Fräsen

Walzfräsen und Stirnfräsen

$$t_h = \frac{L}{v_f} i = \frac{L}{nf} i$$

$$v_f = nf$$

$$f = f_z z$$

$$i = \frac{h}{a_p} \text{ beim Walzen}$$

$$i = \frac{h}{a_e} \text{ beim Stirnen}$$

$$n = 318 \frac{v}{D}$$

$$l_a = \sqrt{e(D-e)}$$

$$l_a \geq 0{,}5(D - \sqrt{D^2 - e^2})$$

für Stirnen

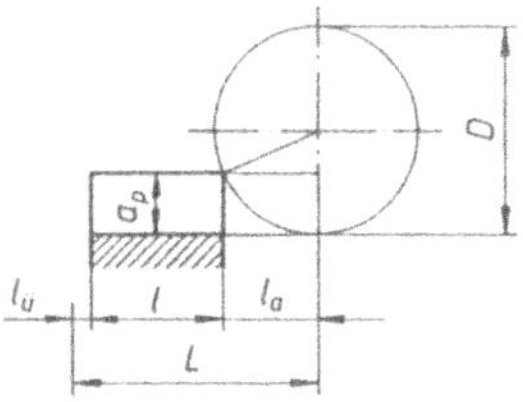

a_p	Eingriffsgröße	mm
a_e	Schnitttiefe bzw. Schnittbreite	mm
D	Fräserdurchmesser	mm
h	Werkstoffzugabe	mm
i	Anzahl der Schnitte	mm
l	Zeichnungsmaß der Länge	mm
l_a	Fräseranschnittweg	mm
$l_ü$	Fräserüberlaufweg	mm
L	Arbeitsweg = $l_a + l + l_ü$	mm
n	Fräserdrehzahl	min^{-1}
f	Vorschub	mm/U
v_f	Vorschubgeschwindigkeit	mm/min
f_z	Zahnvorschub	mm/Zahn
v_c	Schnittgeschwindigkeit	m/min
z	Zähnezahl des Fräsers	

Nutenfräsen

$$t_h = \frac{t}{v_{f1}} + \frac{L}{v_{f2}} i$$

$$i = \frac{t}{a_p}$$

$$L = l - D$$

l	Nutenlänge (Außenmaß)	mm
v_{f1}	Tiefenvorschubgeschwindigkeit	mm/min
v_{f2}	Längsvorschubgeschwindigkeit	mm/min
t	Nutentiefe	mm

Rundfräsen

$$t_h = \frac{a_p}{v_{f1}} + \frac{\pi d}{v_{f2}} \approx \frac{(1{,}2 \ldots 1{,}25)\,\pi d}{v_{f2}}$$

für radialen Anschnitt (Tauchfräsen)

$$t_h = \frac{\pi d + l_a}{v_{f2}}$$

$$l_a = \sqrt{a_p(D - a_p)}$$

für tangentialen Anschnitt

a_p	Eingriffsgröße	mm
v_{f1}	Radialvorschubgeschwindigkeit	mm/min
v_{f2}	Rundvorschubgeschwindigkeit (= Umfangsgeschwindigkeit des Werkstücks)	mm/min
d	Werkstückdurchmesser	mm
l_a	Fräseranschnittweg	mm
D	Fräserdurchmesser	mm

Berechnung der Hauptnutzungszeit t_h beim Bohren

$$t_h = \frac{L}{v_f} i = \frac{L}{nf} i$$

für gestufte Drehzahlreihe

$$t_h = \frac{d\pi}{1000 v_c} \cdot \frac{L}{f} i$$

L	Arbeitsweg $= l_a + l + l_ü$ (einschließlich An- und Überlauf)	mm
n	Drehzahl	min^{-1}
f	Vorschub	mm/U
v_c	Schnittgeschwindigkeit	m/min
d	Bohrerdurchmesser	mm
i	Schnittzahl	
v_f	Vorschubgeschwindigkeit	mm/min

Stoff	σ	κ	cot κ	$L_a = a \cot \kappa$
Stahl und Gusseisen	118°	59°	0,600	$\frac{1}{3}(d - d_i)$
Alu-Legierung	140°	70°	0,365	$\frac{1}{5}(d - d_i)$
Mg.-Legierung	100°	50°	0,365	$\frac{1}{2}(d - d_i)$
Marmor	80°	40°	1,192	$\frac{2}{3}(d - d_i)$
Hartgummi	30°	15°	3,732	$2(d - d_i)$

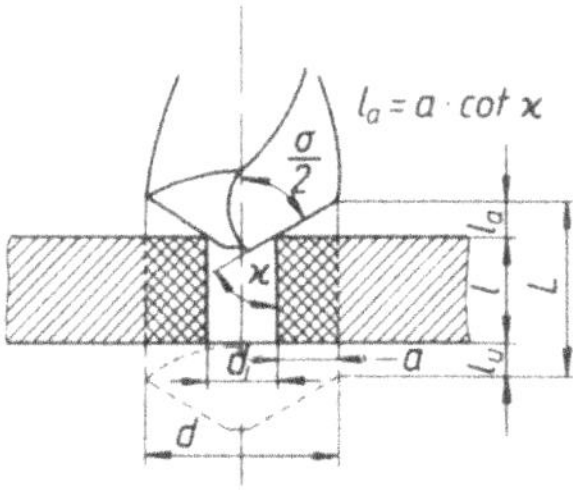

Zur Bestimmung des Arbeitsweges L sind folgende Zuschläge für An- und Überlaufweg bei durchgehenden Bohrungen zu machen:

Arbeitsvorgang	An- und Überlaufweg
Bohren mit Spiralbohrer ins Volle	$\frac{1}{3}$ Bohrerdurchmesser + 2 mm
Senken oder Aufbohren	$\frac{1}{10}$ Werkzeugdurchmesser + 2 mm
Reiben mit Maschine	Länge des Führungsteiles der Reibahle
Gewindeschneiden mit Maschine	Länge des Gewindeteiles des Bohrers
Ausbohren mit Meißel	3 … 4 mm

Berechnung der Hauptnutzungszeit t_h beim Schleifen

Längsschleifen (Außen- und Innenrundschleifen)

$$t_h = \frac{l}{n_w f_l} i$$

$$i = \frac{z}{2a_e}$$

$$t_h = \frac{l\,z}{2a_e\, n_w\, f_l}$$

$$n_w = 318 \frac{v_w}{d}$$

t_h	Hauptnutzungszeit	min	n_w	Werkstückdrehzahl	min^{-1}
a_e	Eingriffsgröße (Zustellung)	mm	f_l	Längsvorschub (Seitenvorschub)	mm/U
b	Schleifscheibenbreite	mm	f_t	Tauchvorschub	mm/min
d	Werkstückdurchmesser	mm	z	Schleifzugabe im Durchmesser	mm
i	Anzahl der Schnitte		B	Schleifbreite	mm
l	Arbeitsweg (Werkstücklänge)	mm	n	Anzahl Doppelhübe	min^{-1}

Rundschleifen (Einstechen)

$$t_h = \frac{z}{2 f_t}$$

Flachschleifen, längs

$$t_h = \frac{B}{n f_l}$$

Richtwerte für die Schnittgeschwindigkeit v_c beim Drehen

Werkstoff		Schneidstoff	Schnittgeschwindigkeit v_c in m/min bei Vorschub f in mm/U und Einstellwinkel k											
			0,25			0,4			0,63			1		
			45°	70°	90°	45°	70°	90°	45°	70°	90°	45°	70°	90°
E295	L	HM	160	150	140	140	132	125	125	118	112	112	106	100
		HSS	35,5	25	22,4	28	20	18	25	18	16	20	14	12,5
C35E	W	HM	335	315	300	280	265	250	236	224	212	200	190	180
		Keramik		450			400			355				
E335	L	HM	150	140	132	132	125	118	118	112	106	106	100	95
		HSS	28	20	18	25	18	16	20	14	12,5	16	11,2	10
C45E	W	HM	280	265	250	236	224	212	200	190	180	170	160	150
		Keramik		400			355			315				
E360	L	HM	125	118	112	106	100	95	95	90	85	85	80	75
		HSS	25	18	16	20	14	12,5	16	11,2	10	12,5	9	8
C60E	W	HM	224	212	200	190	180	170	160	150	140	132	125	118
		Keramik		355			315			280				
Mn-, CrNi-, CrMo- und andere legierte Stähle	L	HM	125	118	112	106	100	95	95	90	85	85	80	75
		HSS	20	14	12,5	16	11,2	10	12,5	9	8	11	8	7
	W	HM	224	212	200	190	180	170	160	150	140	132	125	118
		Keramik		355			315			280				
	L	HM	90	85	80	71	67	63	63	60	56	56	53	50
		HSS	16	11,2	10	12,5	9	8	10	7,1	6,3	8	5,6	5
	W	HM	118	112	106	95	90	85	75	71	67	60	56	53
		Keramik		315			280			250				
GJL-150	L	HM	67	63	60	60	56	53	53	50	47,5	47,5	45	42,5
		HSS	20	16	14	14	11,2	10	11	9	8	9	7,1	6,3
GJL-250	W	HM	150	140	132	125	118	112	106	100	95	90	85	80
		Keramik		355			315			280				
GJS-600-3	L	HM												
		HSS												
	W	HM	118	112	106	100	95	90	85	80	75	71	67	63
		Keramik		450			400			355				
GJH	L	HM	13,2	12,5	11,8	11,8	11,2	10,6	10,6	10	9,5	9	8,5	8
		HSS												
(Hartguss)	W	HM	21,2	20	19	17	16	15	13,2	12,5	11,8	10,6	10	9,5
		Keramik		90			80			71				
Gussbronze DIN EN 1982	L	HM	224	212	200	200	190	180	180	170	160	160	150	140
		HSS	47,5	45	42,5	42,5	40	37,5	35,5	35,5	33,5	31,5	30	28
Rotguss DIN EN 1982	L	HM	335	315	300	300	280	265	265	250	236	250	236	224
		HSS	63	60	56	50	47,5	45	40	37	35,5	31,5	30	28
Messing DIN EN 1982	L	HM	400	375	355	355	335	315	335	315	300	300	280	265
		HSS	90	85	80	67	63	60	50	47,5	45	37,5	35,5	33,5
Al-Guss DIN EN 1706	L	HM	180	170	160	160	150	140	140	132	125	125	118	112
		HSS	56	53	50	42,5	40	37,5	31,5	30	28	25	23,6	22,4
Mg.-Legierung DIN EN 1753	L	HM	1120	1060	1000	1000	950	900	900	850	800	800	750	710
		HSS	670	630	600	630	600	560	600	560	530	600	560	530

Zerspantechnik

Richtwerte für die spezifische Schnittkraft k_c beim Drehen

Werkstoff	spezifische Schnittkraft k_c in N/mm² bei Vorschub f in mm/U und Einstellwinkel k														
	0,1			0,25			0,4			0,63			0,61		
	45°	70°	90°	45°	70°	90°	45°	70°	90°	45°	70°	90°	45°	70°	90°
E295	3980	3690	3610	3100	2880	2830	2740	2550	2500	2430	2280	2240	2180	2040	1990
E335	3300	3130	3080	2780	2650	2620	2580	2470	2440	2400	2300	2270	2220	2130	2110
E360	4980	4610	4500	3800	3500	3410	3300	3060	2990	2900	2670	2600	2520	2310	2260
C45E	3200	3080	3040	2800	2690	2660	2620	2530	2500	2460	2370	2340	2310	2240	2220
C60E	3380	3200	3150	2860	2730	2700	2650	2530	2490	2450	2330	2300	2260	2160	2130
16MnCr5	4200	3910	3830	3300	3090	3020	2930	2720	2660	2580	2410	2360	2300	2140	2100
18CrNi6	4980	4610	4510	3800	3505	3410	3300	3070	3000	2900	2665	2590	2520	2315	2260
34CrMo4	3900	3670	3610	3220	3055	3000	2940	2795	2750	2670	2505	2460	2400	2280	2240
42CrMo4	4880	4580	4500	3890	3620	3550	3450	3220	3150	3060	2860	2800	2720	2550	2500
50CrV4	4440	4170	4100	3500	3260	3190	3100	2880	2820	2730	2550	2500	2430	2270	2220
15CrMo5	3590	3430	3390	3070	2935	2900	2850	2720	2680	2630	2505	2470	2420	2325	2290
Mn-, CrNi-,	4100	3870	3800	3380	3200	3150	3080	2900	2850	2780	2640	2600	2550	2420	2380
CrMo- u.a. leg. St.	4350	4120	4050	3610	3410	3350	3280	3120	3100	3030	2890	2850	2800	2660	2620
Nichtrost. Stahl	4120	3910	3850	3460	3300	3250	3180	3040	3000	2940	2820	2780	2730	2610	2580
Mn-Hartstahl	5950	5600	5500	4860	4580	4500	4400	4150	4080	3980	3770	3700	3620	3410	3360
Hartguss (GJH)	3420	3240	3190	2880	2730	2680	2620	2480	2450	2400	2280	2240	2200	2090	2060
G450	2510	2390	2360	2140	2030	2000	1960	1890	1860	1820	1740	1720	1690	1620	1600
G520	2760	2630	2600	2360	2270	2240	2200	2090	2060	2030	1950	1920	1890	1820	1800
GJL-150	1630	1530	1510	1340	1270	1250	1220	1160	1140	1120	1050	1040	1020	960	950
GJL-250	2300	2150	2110	1820	1690	1660	1610	1500	1470	1430	1320	1300	1280	1190	1160
GJMB	2180	2040	2000	1750	1630	1600	1560	1490	1460	1420	1340	1320	1290	1220	1200
Gussbronze	2760	2630	2600	2360	2270	2240	2200	2090	2060	2030	1950	1920	1890	1820	1800
Rotguss	1220	1140	1120	980	910	900	880	810	800	780	720	710	700	660	650
Messing	1280	1210	1200	1080	1010	1000	980	930	920	900	860	850	840	790	780
Al-Guss	1220	1140	1120	980	910	900	880	810	800	780	710	710	700	660	650
Mg-Legierung	455	435	430	390	365	360	350	335	330	320	305	300	300	285	280

Richtwerte für die Schnittgeschwindigkeit v_c beim Hobeln

Werkstoff	Schneid-stoff	Schnittgeschwindigkeit v_c in m/min bei Vorschub f in mm/DH und Einstellwinkel k													
		0,16		0,25		0,4		0,63		1		1,6		2,5	
		45°	60°	45°	60°	45°	60°	45°	60°	45°	60°	45°	60°	45°	60°
S235JR	P30					75	70	67	63	60	56	53	50	10	8
	SS			25	20	22	18	18	14	14	11	12	10		
E295	P30					63	60	56	53	50	47	45	42	40	37
	SS			22	18	18	14	16	12	12	10	10	8	8	6
E335	P30					53	50	47	45	42	40	37	36		
	SS			18	14	14	12	12	10	10	8	8	6	6	5
E360	P30					42	40	36	33	30	28	25	24		
	SS			16	12	12	10	10	8	8	6	6	5	5	4
42CrMo4 50CrV4 18CrNi6 34CrMo4 16MnCr5	P30					42	40	36	33	30	28	25	24		
	SS			12	10	10	8	8	7	7	5,6	5,6	4,5	4,5	4
Mn-, CrNi-, CrMo- und andere leg. Stähle	P30					30	28	25	24	20	19	18	17		
	SS			10	8	8	6	6	5	5	4,5	4,5	4		
	P30					18	17	16	15	14	12	12	11		
	SS			7	5,6	5,6	4,5	4,5	3,6	3,6	3				
Nichtrost. Stahl	P30					18	17	16	15	14	12				
Mn-Hartstahl	P30					8	7,5	7	6	6	5,6	5,3	5	4,5	4
G450	P30					33	32	30	28	26	25	24	22	21	20
	SS			22	18	20	16	16	12	12	10	10	8	8	6
G520	P30					26	25	24	22	21	20	19	18	16	15
	SS			16	12	12	10	10	8	8	7	7	6	6	4,5
GJL-150	K20	53	50	50	47	47	45	45	42	42	40	40	37	5,6	5
	SS			20	18	14	12	11	10	8	7	7	6		
GJL-250	K10	36	33	32	30	28	26	26	25	25	24	22	20		
	SS			12	11	9	8	7	6	5,6	5	5	4,5	4	3
GJMB-350-4	K10, K20 P10	40	37	33	32	28	26	24	22	20	19				
	SS			18	17	14	13	11	10	8	7,5	7	6	5,6	5
GJMW-400-5	P20	50	47	45	42	40	37	36	33	32	30				
	SS			18	17	14	13	11	10	8	7,5	7	6	5,6	5
Hartguss	K10	15	14	12,5	12	12	11	10	9,5	9	8,5	8	7,5		
Rotguss	K20	335	315	315	300	300	280	265	250	250	236	224	212	16	15
	SS			40	37	32	30	25	23	20	19	18	17		
Al-Guss	K20	200	190	180	170	160	150	140	132	125	118	112	106	100	95
	SS	47	45	36	33	26	25	20	19	16	15				
Gussbronze	K20	250	236	224	212	200	190	180	170	160	150	140	132	125	118
	SS	53	50	47,5	45	42,5	40	37,5	36	32	30	28	26,5	25	23

Zerspantechnik

Richtwerte für die spezifische Schnittkraft k_c beim Hobeln

Werkstoff	spezifische Schnittkraft k_c in N/mm² bei Vorschub f in mm/DH und Einstellwinkel k													
	0,16		0,25		0,4		0,63		1		1,6		2,5	
	45°	60°	45°	60°	45°	60°	45°	60°	45°	60°	45°	60°	45°	60°
S235JR E295	3000	2800	2720	2650	2500	2430	2360	2240	2180	2120	2060	2000	1950	1900
E335	4000	3750	3650	3350	3150	3000	2800	2650	2500	2360	2240	2060	1950	1850
E360	3450	3350	3250	3150	3000	2900	2800	2650	2570	2430	2360	2300	2240	2180
C45	3450	3350	3250	3150	3070	3000	2900	2720	2650	2570	2500	2430	2360	2300
St 70	5000	4750	4500	4120	3870	3550	3350	3150	2900	2720	2500	2360	2240	2060
C60	3550	3450	3350	3150	3070	3000	2800	2720	2570	2500	2430	2300	2240	2180
42CrMo4	5000	4750	4500	4250	4000	3750	3550	3350	3150	3000	2800	2650	2500	2360
50CrV4	4620	4370	4120	3870	3650	3550	3150	3000	2800	2650	2500	2360	2240	2120
18CrNi6	5000	4750	4500	4120	3870	3550	3350	3150	2900	2720	2500	2360	2240	2060
34CrMo4	4120	3870	3750	3550	3450	3250	3070	3000	2800	2650	2500	2430	2300	2180
16MnCr5	4370	4120	3870	3650	3350	3150	3000	2800	2650	2500	2360	2240	2120	2000
Mn-, CrNi-, CrMo- und andere legierte Stähle	4370 4620	4000 4370	3870 4250	3650 4000	3550 3870	3350 3650	3250 3550	3070 3350	3000 3250	2800 3070	2650 3000	2570 2900	2430 2720	2360 2650
Nichtrost. Stahl	4370	4250	4000	3870	3650	3550	3450	3350	3150	3070	3000	2800	2720	2650
Mn-Hartstahl	6300	6000	5600	5300	5000	4870	4620	4500	4250	4000	3750	3650	3450	3350
G450	2650	2570	2430	2360	2240	2180	2060	2000	1950	1900	1850	1800	1750	1700
G520	3000	2800	2720	2650	2500	2430	2300	2240	2180	2120	2060	1950	1900	1850
GJL-150	1750	1650	1600	1500	1400	1360	1280	1210	1180	1120	1060	1030	970	950
GJL-250	2360	2240	2060	1950	1850	1750	1700	1600	1500	1400	1280	1210	1150	1090
GJMB/GJMW	2240	2120	2000	1900	1800	1750	1650	1600	1500	1450	1360	1280	1250	1180
Hartguss	3650	3450	3350	3150	3070	2900	2800	2650	2500	2430	2300	2240	2120	2060
Rotguss Al-Guss	1250	1180	1120	1060	1000	950	900	850	820	780	750	710	690	650
Gussbronze	3000	2800	2720	2650	2500	2430	2300	2240	2180	2120	2060	1950	1900	1850

Richtwerte für die Schnittgeschwindigkeit v_c und den Vorschub *f* beim Bohren

Werkstoff	Schneidwerkzeug	Schnittgeschwindigkeit v_c in m/min	Vorschub *f* in mm/U bei Bohrerdurchmesser			
			bis 4	> 4 ... 10	> 10 ... 25	> 25 ... 63
S235JR	SS	35 ...30	0,18	0,28	0,36	0,45
	P30	80... 75	0,1	0,12	0,16	0,2
E295	SS	30... 25	0,16	0,25	0,32	0,40
	P30	75... 70	0,08	0,1	0,12	0,16
E335	SS	25 ... 20	0,12	0,2	0,25	0,32
	P30	70... 65	0,06	0,08	0,1	0,12
E360	SS	20... 15	0,11	0,18	0,22	0,28
	P30	65... 60	0,05	0,06	0,08	0,1
Mn-, CrNi-, CrMo- und andere legierte Stähle	SS	18... 14	0,1	0,16	0,2	0,25
	P30	40... 30	0,025	0,03	0,04	0,05
	SS	14... 12	0,09	0,14	0,18	0,22
	P30	30... 25	0,02	0,025	0,03	0,04
	SS	12... 8	0,06	0,1	0,16	0,2
	P30	25 ... 20	0,016	0,02	0,025	0,03
G450	SS	30... 25	0,16	0,22	0,32	0,45
	P30	80... 60	0,03	0,05	0,08	0,12
G520	SS	25... 20	0,12	0,18	0,25	0,36
	P30	60... 40	0,025	0,04	0,06	0,1
GJL-150	SS	35... 25	0,16	0,25	0,4	0,5
	K20	90... 70	0,05	0,08	0,12	0,16
GJL-250	SS	25 ... 20	0,12	0,2	0,3	0,4
	K10	40... 30	0,04	0,06	0,1	0,12
GJM	SS	25... 18	0,1	0,16	0,25	0,4
	K10	60 ...40	0,03	0,05	0,08	0,12
Rotguss Gussbronze	SS	75... 50	0,12	0,18	0,25	0,36
	K20	85 ...60	0,06	0,08	0,1	0,12
Gussmessing	SS	60 ...40	0,1	0,14	0,2	0,28
	K20	100... 75	0,06	0,08	0,1	0,12
Al-Guss	SS	200... 150	0,16	0,25	0,3	0,4
	K20	300... 250	0,06	0,08	0,1	0,12

Zerspantechnik

Richtwerte für spezifische Schnittkraft k_c beim Bohren

Werkstoff	spezifische Schnittkraft k_c in N/mm² bei Vorschub f in mm/U und Einstellwinkel k															
	01				0,16				0,25				0,4			
	30°	45°	60°	90°	30°	45°	60°	90°	30°	45°	60°	90°	30°	45°	60°	90°
S235JR	2950	2760	2650	2600	2710	2550	2450	2400	2500	2360	2280	2240	2320	2200	2100	2060
E295	4350	3980	3730	3610	3850	3500	3300	3190	3400	3100	2900	3000	2830	2740	2580	2500
E335	3540	3300	3150	3080	3230	3010	2890	2830	2950	2780	2670	2620	2730	2580	2480	2440
E360	5500	4980	4660	4500	4820	4350	4060	3920	4200	3800	3550	3410	3660	3300	3100	2990
G450	3380	3200	3100	3040	3150	2990	2890	2840	2940	2800	2700	2660	2750	2620	2540	2500
C60E	3610	3380	3230	3150	3300	3100	2980	2920	3040	2860	2750	2700	2810	2650	2550	2490
16MnCr5	4590	4200	3950	3830	4080	3720	3500	3400	3610	3300	3120	3020	3210	2930	2750	2660
18CrNi6	5500	4980	4660	4510	4820	4350	4060	3920	4200	3800	3550	3410	3660	3300	3100	3000
34CrMo4	4200	3900	3700	3610	3800	3530	3370	3290	3450	3220	3080	3000	3150	2940	2820	2750
42CrMo4	5300	4880	4620	4500	4750	4370	4120	4000	4250	3890	3660	3550	3780	3450	3250	3150
50CrV4	4850	4440	4210	4100	4330	3980	3730	3610	3860	3500	3300	3190	3400	3100	2910	2820
15CrMo5	3810	3590	3450	3390	3520	3320	3200	3130	3260	3070	2950	2900	3010	2850	2740	2680
Mn-, CrNi-,	4420	4100	3900	3800	4000	3710	3440	3450	3620	3380	3220	3150	3300	3080	2920	2850
CrMo- u.a. leg. St.	4670	4350	4150	4050	4250	3960	3790	3700	3880	3610	3440	3350	3520	3280	3160	3100
Nichtrost. Stahl	4400	4120	3940	3850	4030	3770	3610	3530	3690	3460	3320	3250	3390	3180	3060	3000
Mn-Hartstahl	6440	5950	5650	5500	5800	5370	5100	4980	5240	4860	4620	4500	4740	4400	4180	4080
Hartguss	3640	3420	3270	3190	3340	3130	3010	2940	3070	2880	2750	2680	2810	2620	2500	2450
G450	2670	2510	2410	2360	2460	2320	2220	2180	2270	2140	2040	2000	2090	1960	1900	1860
G520	2950	2760	2650	2600	2710	2550	2450	2400	2500	2360	2280	2240	2320	2200	2100	2060
GJL-150	1760	1630	1550	1510	1590	1480	1400	1370	1440	1340	1280	1250	1310	1220	1170	1140
GJL-250	2500	2300	2180	2110	2240	2060	1930	1870	2000	1820	1710	1660	1760	1610	1520	1470
GJMB/GJMW	2370	2180	2060	2000	2120	1950	1850	1800	1900	1750	1650	1600	1700	1560	1500	1460
Gussbronze	2950	2760	2650	2600	2710	2550	2450	2400	2500	2360	2280	2240	2320	2200	2100	2060
Rotguss	1320	1220	1150	1120	1180	1090	1030	1000	1060	980	920	900	950	880	820	800
Messing	1350	1280	1220	1200	1250	1180	1120	1100	1150	1080	1020	1000	1050	980	940	920
Al-Guss	1320	1220	1150	1120	1180	1090	1030	1000	1060	980	920	900	950	880	820	800
Mg-Legierung	480	455	435	430	440	420	405	400	410	390	370	360	380	350	335	330

Richtwerte für Zahnvorschub und Schnittgeschwindigkeit beim Gegenlauffräsen

Werkzeug		Gusseisen	Werkstoff Gusseisen	Al-Leigierun ausgehärtet
Walzenfräser, Walzenstirnfräser (Schnellarbeitsstahl)	f_z v_c	0,10 ... 0,25 10 ... 25	0,10 ... 0,25. 10 ... 22	0,05 ... 0,08 150 ... 350
Formfräser, hinterdreht (Schnellarbeitsstahl)	f_z v_c	0,03 ... 0,04 15 ... 24	0,02 ... 0,01 10 ... 20	0,02 150 ... 250
Messerkopf (Schnellarbeitsstahl)	f_z v_c	0,3 15 ... 30	0,10 ... 0,30 12 ... 25	0,1 200 ... 300
Messerkopf (Hartmetall)	f_z v_c	0,2 100 ... 200	0,30 ... 0,40 30 ... 100	0,06 300 ... 400

Für das Gleichlaufverfahren können die angegebenen Richtwerte um 75 % erhöht werden. Größere Richtwerte für v_c gelten jeweils für Schlichtzerspanung. Kleinere Richtwerte für v_c gelten jeweils für Schruppzerspanung. Richtwerte gelten für Eingriffsgrößen a_p (Umfangsfräsen) oder Schnitttiefen a_e (Stirnfräsen):

3 mm bei Walzenfräsern

5 mm bei Walzenstirnfräsern bis 8 mm bei Messerköpfen

f_z Vorschub je Schneide (Zahnvorschub) in mm/Schneidzahn

v_c Schnittgeschwindigkeit in m/min für Gegenlauffräsen

Normzahlen

Die Normzahlen (DIN 323) sind nach dezimal-geometrischen Reihen gestuft. Die Werte der „niederen" Reihe soll denen der „höheren" vorgezogen werden.

Reihe	Stufensprung	Rechenwert	Genauwert	Mantisse
R 5	$\varphi = \sqrt[5]{10}$	1,6	1,5849	200
R 10	$\varphi = \sqrt[10]{10}$	1,25	1,2589	100
R 20	$\varphi = \sqrt[20]{10}$	1,12	1,1220	050
R 40	$\varphi = \sqrt[40]{10}$	1,06	1,0593	025

Reihe R 5	1,00	1,60	2,50	4,00	6,30	10,00						
Reihe R 10	1,00	1,25	1,60	2,00	2,50	3,15	4,00	5,00	6,30	8,00	10,00	
Reihe R 20	1,00	1,12	1,25	1,40	1,60	1,80	2,00	2,24	2,50	2,80	3,15	3,55
	4,00	4,50	5,00	6,30	7,10	8,00	9,00					
Reihe R 40	1,00	1,06	1,12	1,18	1,25	1,32	1,40	1,50	1,60	1,70	1,80	1,90
	2,00	2,12	2,24	2,36	2,50	2,65	2,80	3,00	3,15	3,35	3,55	3,75
	4,00	4,25	4,50	4,75	5,00	5,30	5,60	6,00	6,30	6,70	7,10	7,50
	8,00	8,50	9,00	9,50	10,00							

Grundbegriffe zu Toleranzen und Passungen

Darstellung der wichtigsten Passungsgrundbegriffe an Welle und Bohrung

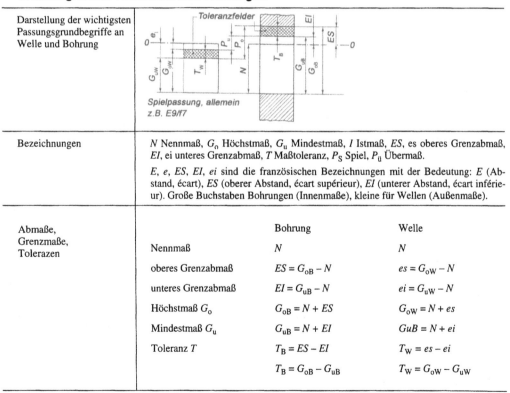

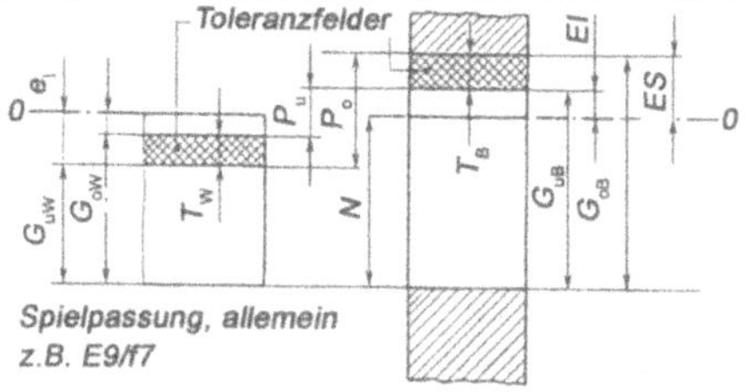

Bezeichnungen

N Nennmaß, G_o Höchstmaß, G_u Mindestmaß, I Istmaß, ES, es oberes Grenzabmaß, EI, ei unteres Grenzabmaß, T Maßtoleranz, P_S Spiel, $P_ü$ Übermaß.

E, *e*, *ES*, *EI*, *ei* sind die französischen Bezeichnungen mit der Bedeutung: *E* (Abstand, écart), *ES* (oberer Abstand, écart supérieur), *EI* (unterer Abstand, écart inférieur). Große Buchstaben Bohrungen (Innenmaße), kleine für Wellen (Außenmaße).

Abmaße, Grenzmaße, Tolerazen

	Bohrung	Welle
Nennmaß	N	N
oberes Grenzabmaß	$ES = G_{oB} - N$	$es = G_{oW} - N$
unteres Grenzabmaß	$EI = G_{uB} - N$	$ei = G_{uW} - N$
Höchstmaß G_o	$G_{oB} = N + ES$	$G_{oW} = N + es$
Mindestmaß G_u	$G_{uB} = N + EI$	$GuB = N + ei$
Toleranz T	$T_B = ES - EI$	$T_W = es - ei$
	$T_B = G_{oB} - G_{uB}$	$T_W = G_{oW} - G_{uW}$

Passtoleranzfelder und Grenzabmaße (in μm) für das System Einheitsbohrung (H)

Toleranzfelder, dargestellt für den Nennmaßbereich über 24 mm bis 30 mm

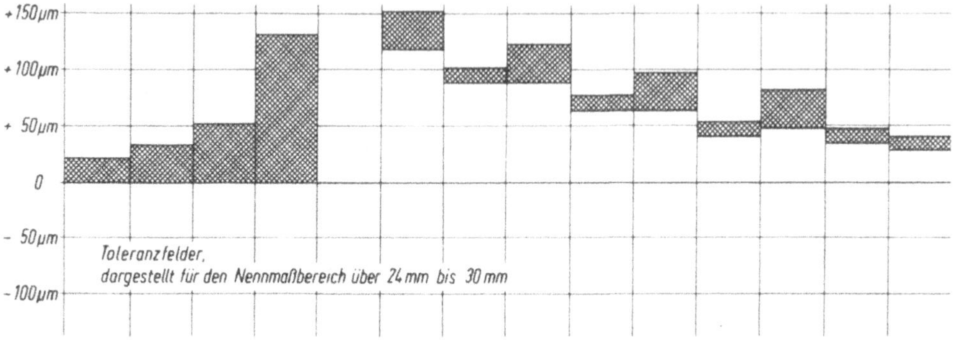

Nennmaßbereich mm	H7	H8	H9	H11	za6	za8	z6	z8	x6	x8	u6/t6 [1]	u8	s6	r6
über 1	+ 10	+ 14	+ 25	+ 60	+ 38	—	+ 32	+ 40	+ 26	+ 34	+ 24	—	+ 20	+ 16
bis 3	0	0	0	0	+ 32		+ 26	+ 26	+ 20	+ 20	+ 18		+ 14	+ 10
über 3	+ 12	+ 18	+ 30	+ 75	+ 50	—	+ 43	+ 53	+ 36	+ 46	+ 31	—	+ 27	+ 23
bis 6	0	0	0	0	+ 42		+ 35	+ 35	+ 28	+ 28	+ 23		+ 19	+ 15
über 6	+ 15	+ 22	+ 36	+ 90	+ 61	+ 74	+ 51	+ 64	+ 43	+ 56	+ 37	—	+ 32	+ 28
bis 10	0	0	0	0	+ 52	+ 52	+ 42	+ 42	+ 34	+ 34	+ 28		+ 23	+ 19
über 10	+ 18	+ 27	+ 43	+ 110	+ 75	+ 91	+ 61	+ 77	+ 51	+ 67	+ 44	—	+ 39	+ 34
bis 14	0	0	0	0	+ 64	+ 64	+ 50	+ 50	+ 40	+ 40	+ 33		+ 28	+ 23
über 14	+ 18	+ 27	+ 43	+ 110	+ 88	+ 104	+ 71	+ 87	+ 56	+ 72	+ 44	—	+ 39	+ 34
bis 18	0	0	0	0	+ 77	+ 77	+ 60	+ 60	+ 45	+ 45	+ 33		+ 28	+ 23
über 18	+ 21	+ 33	+ 52	+ 130	—	+ 131	+ 86	+ 106	+ 67	+ 87	+ 54	—	+ 48	+ 41
bis 24	0	0	0	0		+ 98	+ 73	+ 73	+ 54	+ 54	+ 41		+ 35	+ 28
über 24	+ 21	+ 33	+ 52	+ 130	—	+ 151	+ 101	+ 121	+ 77	+ 97	+ 54	+ 81	+ 48	+ 41
bis 30	0	0	0	0		+ 118	+ 88	+ 88	+ 64	+ 64	+ 41	+ 48	+ 35	+ 28
über 30	+ 25	+ 39	+ 62	+ 160		+ 187	+ 128	+ 151	+ 96	+ 119	+ 64	+ 99	+ 59	+ 50
bis 40	0	0	0	0		+ 148	+ 112	+ 112	+ 80	+ 80	+ 48	+ 60	+ 43	+ 34
über 40	+ 25	+ 39	+ 62	+ 160		+ 219	—	+ 175	+ 113	+ 136	+ 70	+ 109	+ 59	+ 50
bis 50	0	0	0	0		+ 180		+ 136	+ 97	+ 97	+ 54	+ 70	+ 43	+ 34
über 50	+ 30	+ 46	+ 74	+ 190		+ 272		+ 218	+ 141	+ 168	+ 85	+ 133	+ 72	+ 60
bis 65	0	0	0	0		+ 226		+ 172	+ 122	+ 122	+ 66	+ 87	+ 53	+ 41
über 65	+ 30	+ 46	+ 74	+ 190		+ 320		+ 256	+ 165	+ 192	+ 94	+ 148	+ 78	+ 62
bis 80	0	0	0	0		+ 274		+ 210	+ 146	+ 146	+ 75	+ 102	+ 59	+ 43
über 80	+ 35	+ 54	+ 87	+ 220		+ 389		+ 312	+ 200	+ 232	+ 113	+ 178	+ 93	+ 73
bis 100	0	0	0	0		+ 335		+ 258	+ 178	+ 178	+ 91	+ 124	+ 71	+ 51
über 100	+ 35	+ 54	+ 87	+ 220		—	—	+ 364	+ 232	+ 264	+ 126	+ 198	+ 101	+ 76
bis 120	0	0	0	0				+ 310	+ 210	+ 210	+ 104	+ 144	+ 79	+ 54
über 120	+ 40	+ 63	+ 100	+ 250				+ 428	+ 273	+ 311	+ 147	+ 233	+ 117	+ 88
bis 140	0	0	0	0				+ 365	+ 248	+ 248	+ 122	+ 170	+ 92	+ 63
über 140	+ 40	+ 63	+ 100	+ 250				+ 478	+ 305	+ 343	+ 159	+ 253	+ 125	+ 90
bis 160	0	0	0	0				+ 415	+ 280	+ 280	+ 134	+ 190	+ 100	+ 65
über 160	+ 40	+ 63	+ 100	+ 250				—	+ 335	+ 373	+ 171	+ 273	+ 133	+ 93
bis 180	0	0	0	0					+ 310	+ 310	+ 146	+ 210	+ 108	+ 68
über 180	+ 46	+ 72	+ 115	+ 290					+ 379	+ 422	+ 195	+ 308	+ 151	+ 106
bis 200	0	0	0	0					+ 350	+ 350	+ 166	+ 236	+ 122	+ 77
über 200	+ 46	+ 72	+ 115	+ 290					+ 414	+ 457		+ 330	+ 159	+ 109
bis 225	0	0	0	0					+ 385	+ 385		+ 258	+ 130	+ 80
über 225	+ 46	+ 72	+ 115	+ 290					+ 454	+ 497		+ 356	+ 169	+ 113
bis 250	0	0	0	0					+ 425	+ 425		+ 284	+ 140	+ 84
über 250	+ 52	+ 81	+ 130	+ 320					+ 507	+ 556		+ 396	+ 190	+ 126
bis 280	0	0	0	0					+ 475	+ 475		+ 315	+ 158	+ 94
über 280	+ 52	+ 81	+ 130	+ 320					+ 557	+ 606		+ 431	+ 202	+ 130
bis 315	0	0	0	0					+ 525	+ 525		+ 350	+ 170	+ 98
über 315	+ 57	+ 89	+ 140	+ 360					+ 626	+ 679		+ 479	+ 226	+ 144
bis 355	0	0	0	0					+ 590	+ 590		+ 390	+ 190	+ 108
über 355	+ 57	+ 89	+ 140	+ 360					+ 696	—		+ 524	+ 244	+ 150
bis 400	0	0	0	0					+ 660			+ 435	+ 208	+ 114

[1] u 6 bei Nennmaß bis 24 mm, t 6 darüber

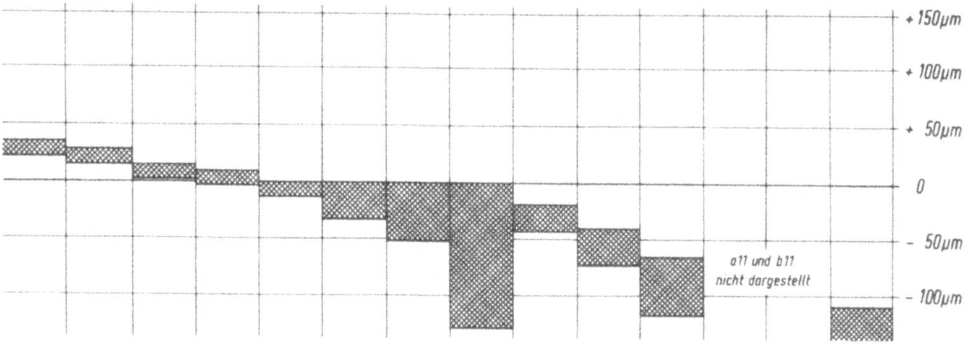

p 6	n 6	k 6	j 6	h 6	h 8	h 9	h 11	f 7	e 8	d 9	a 11	b 11	c 11	Nennmaß-bereich mm
+ 12	+ 10	+ 6	+ 4	0	0	0	0	– 6	– 14	– 20	– 270	– 140	– 60	über 1
+ 6	+ 4	0	– 2	– 6	– 14	– 25	– 60	– 16	– 28	– 45	– 330	– 200	– 120	bis 3
+ 20	+ 16	+ 9	+ 6	0	0	0	0	– 10	– 20	– 30	– 270	– 140	– 70	über 3
+ 12	+ 8	+ 1	– 2	– 8	– 18	– 30	– 75	– 22	– 38	– 60	– 345	– 215	– 145	bis 6
+ 24	+ 19	+ 10	+ 7	0	0	0	0	– 13	– 25	– 40	– 280	– 150	– 80	über 6
+ 15	+ 10	+ 1	– 2	– 9	– 22	– 36	– 90	– 28	– 47	– 76	– 370	– 240	– 170	bis 10
														über 10
+ 29	+ 23	+ 12	+ 8	0	0	0	0	– 16	– 32	– 50	– 290	– 150	– 95	bis 14
+ 18	+ 12	+ 1	– 3	– 11	– 27	– 43	– 110	– 34	– 59	– 93	– 400	– 260	– 205	über 14
														bis 18
														über 18
+ 35	+ 28	+ 15	+ 9	0	0	0	0	– 20	– 40	– 65	– 300	– 160	– 110	bis 24
+ 22	+ 15	+ 2	– 4	– 13	– 33	– 52	– 130	– 41	– 73	– 117	– 430	– 290	– 240	über 24
														bis 30
											– 310	– 170	– 120	über 30
+ 42	+ 33	+ 18	+ 11	0	0	0	0	25	50	– 80	– 470	– 330	– 280	bis 40
+ 26	+ 17	+ 2	– 5	– 16	– 39	– 62	– 160	– 50	– 89	– 142	– 320	– 180	– 130	über 40
											– 480	– 340	– 290	bis 50
											– 340	– 190	– 140	über 50
+ 51	+ 39	+ 21	+ 12	0	0	0	0	– 30	– 60	– 100	– 530	– 380	– 330	bis 65
+ 32	+ 20	+ 2	– 7	– 19	– 46	– 74	– 190	– 60	– 106	– 174	– 360	– 200	– 150	über 65
											– 550	– 390	– 340	bis 80
											– 380	– 220	– 170	über 80
+ 59	+ 45	+ 25	+ 13	0	0	0	0	– 36	– 72	– 120	– 600	– 440	– 390	bis 100
+ 37	+ 23	+ 3	– 9	– 22	– 54	– 87	– 220	– 71	– 126	– 207	– 410	– 240	– 180	über 100
											– 630	– 460	– 400	bis 120
											– 460	– 260	– 200	über 120
											– 710	– 510	– 450	bis 140
+ 68	+ 52	+ 28	+ 14	0	0	0	0	– 43	– 85	– 145	– 520	– 280	– 210	über 140
+ 43	+ 27	+ 3	– 11	– 25	– 63	– 100	– 250	– 83	– 148	– 245	– 770	– 530	– 460	bis 160
											– 580	– 310	– 230	über 160
											– 830	– 560	– 480	bis 180
											– 660	– 340	– 240	über 180
											– 950	– 630	– 530	bis 200
+ 79	+ 60	+ 33	+ 16	0	0	0	0	– 50	– 100	– 170	– 740	– 380	– 260	über 200
+ 50	+ 31	+ 4	– 13	– 29	– 72	– 115	– 290	– 96	– 172	– 285	– 1030	– 670	– 550	bis 200
											– 820	– 420	– 280	über 225
											– 1110	– 710	– 570	bis 250
											– 920	– 480	– 300	über 250
+ 88	+ 66	+ 36	+ 16	0	0	0	0	– 56	– 110	– 190	– 1240	– 800	– 620	bis 280
+ 56	+ 34	+ 4	– 16	– 32	– 81	– 130	– 320	– 108	– 191	– 320	– 1050	– 540	– 330	über 280
											– 1370	– 860	– 650	bis 315
											– 1200	– 600	– 360	über 315
+ 98	+ 73	+ 40	+ 18	0	0	0	0	– 62	– 125	– 210	– 1560	– 900	– 720	bis 355
+ 62	+ 37	+ 4	– 18	– 36	– 89	– 140	– 360	– 119	– 214	– 350	– 1350	– 680	– 400	über 355
											– 1710	– 1040	– 760	bis 400

Passungsauswahl, empfohlene Passtoleranzen, Höchst- und Mindestanpassung in μm

Nennmaßbereich mm \ Passung	H 8/x 8 u 8 1)	H 7 s 6	H 7 r 6	H 7 n 6	H 7 k 6	H 7 j 6	H 7 h 6	H 8 h 9	H 11 h 9	H 11 h 11	G 7 H 7 h 6 g 6
über 1 bis 3	− 6 − 346	− 4 − 20	0 − 16	+ 6 − 10	–	+ 12 − 4	+ 16 0	+ 39 0	+ 85 0	+ 120 0	+ 18 + 2
über 3 bis 6	− 10 − 46	− 7 − 27	− 3 − 23	+ 4 − 16	–	+ 13 − 7	+ 20 0	+ 48 0	+ 105 0	+ 150 0	+ 24 + 4
über 6 bis 10	− 12 − 56	− 8 − 32	− 4 − 28	+ 5 − 19	+ 14 − 10	+ 17 − 7	+ 24 0	+ 58 0	+ 126 0	+ 180 0	+ 29 + 5
über 10 bis 14 über 14 bis 18	− 13 − 67 − 18 − 72	− 10 − 39	− 5 − 34	+ 6 − 23	+ 17 − 12	+ 21 − 8	+ 29 0	+ 70 0	+ 153 0	+ 220 0	+ 35 + 6
über 18 bis 24 über 24 bis 30	− 21 − 87 − 15 − 81	− 14 − 48	− 7 − 41	+ 6 − 28	+ 19 − 15	+ 25 − 9	+ 34 0	+ 85 0	+ 182 0	+ 260 0	+ 41 + 7
über 30 bis 40 über 40 bis 50	− 21 − 99 − 31 − 109	− 18 − 59	− 9 − 50	+ 8 − 33	+ 23 − 18	+ 30 − 11	+ 41 0	+ 101 0	+ 222 0	+ 320 0	+ 50 + 9
über 50 bis 65 über 65 bis 80	− 41 − 133 − 56 − 148	− 23 − 72 − 29 − 78	− 11 − 60 − 13 − 62	+ 10 − 39	+ 28 − 21	+ 37 − 12	+ 49 0	+ 120 0	+ 264 0	+ 380 0	+ 59 + 10
über 80 bis 100 über 100 bis 120	− 70 − 178 − 90 − 198	− 36 − 93 − 44 − 101	− 16 − 73 − 19 − 76	+ 12 − 45	+ 32 − 25	+ 44 − 13	+ 57 0	+ 141 0	+ 307 0	+ 440 0	+ 69 + 12
aber 120 bis 140	− 107 − 233	− 52 − 117	− 23 − 88								
über 140 bis 160	− 127 − 253	− 60 − 125	− 25 − 90	+ 13 − 52	+ 37 − 28	+ 51 − 14	+ 65 0	+ 163 0	+ 350 0	+ 500 0	+ 79 + 14
über 160 bis 180	− 147 − 273	− 68 − 133	− 28 − 93								
über 180 bis 200	− 164 − 308	− 76 − 151	− 31 − 106								
über 200 bis 225	− 186 − 330	− 84 − 159	− 34 − 109	+ 15 − 60	+ 42 − 33	+ 59 − 16	+ 75 0	+ 187 0	+ 405 0	+ 580 0	+ 90 + 15
über 225 bis 250	− 212 − 356	− 94 − 169	− 38 − 113								
über 250 bis 280 über 280 bis 315	− 234 − 396 − 269 − 431	− 106 − 190 − 118 − 202	− 42 − 126 − 46 − 130	+ 18 − 66	+ 48 − 36	+ 68 − 16	+ 84 0	+ 211 0	+ 450 0	+ 640 0	+ 101 + 17
über 315 bis 355 über 355 bis 400	− 301 − 479 − 346 − 524	− 133 − 226 − 151 − 244	− 51 − 144 − 57 − 150	+ 20 − 73	+ 53 − 40	+ 75 − 18	+ 93 0	+ 229 0	+ 500 0	+ 720 0	+ 111 + 18

1) bis Nennmaß 24 mm: x 8; über 24 mm Nennmaß: u 8

H7 f7	F8 h6	H8 f7	F8 h9	H8 e8	E9 h9	H8 d9	D10 h9	H11 d9	D10 h11	C11 h9	C11 H11 h11 c11	A11 H11 h11 a11
+ 26 + 6 + 34 + 10 + 43 + 13	+ 28 + 6 + 36 + 10 + 44 + 13	+ 30 + 6 + 40 + 10 + 50 + 13	+ 47 + 6 + 58 + 10 + 71 + 13	+ 42 + 14 + 56 + 20 + 69 + 25	+ 64 + 14 + 80 + 20 + 97 + 25	+ 59 + 20 + 78 + 30 + 98 + 40	+ 85 + 20 + 108 + 30 + 134 + 40	+ 105 + 20 + 135 + 30 + 166 + 40	+ 120 + 20 + 153 + 30 + 188 + 40	+ 145 + 60 + 175 + 70 + 206 + 80	+ 180 + 60 + 220 + 70 + 260 + 80	+ 390 + 270 + 420 + 270 + 460 + 280
+ 52 + 16	+ 54 + 16	+ 61 + 16	+ 86 + 16	+ 86 + 32	+ 118 + 32	+ 120 + 50	+ 163 + 50	+ 203 + 50	+ 230 + 50	+ 248 + 95	+ 315 + 95	+ 510 + 290
+ 62 + 20	+ 66 + 20	+ 74 + 20	+ 105 + 20	+ 106 + 40	+ 144 + 40	+ 150 + 65	+ 201 + 65	+ 247 + 65	+ 279 + 65	+ 292 + 110	+ 370 + 110	+ 560 + 300
+ 75 + 25	+ 80 + 25	+ 89 + 25	+ 126 + 25	+ 128 + 50	+ 174 + 50	+ 181 + 80	+ 242 + 80	+ 302 + 80	+ 340 + 80	+ 342 + 120 + 352 + 130	+ 440 + 120 + 450 + 130	+ 630 + 310 + 640 + 320
+ 90 + 30	+ 95 + 30	+ 106 + 30	+ 150 + 30	+ 152 + 60	+ 208 + 60	+ 220 + 100	+ 294 + 100	+ 364 + 100	+ 410 + 100	+ 404 + 140 + 414 + 150	+ 520 + 140 + 530 + 150	+ 720 + 340 + 740 + 360
+ 106 + 36	+ 112 + 36	+ 125 + 36	+ 177 + 36	+ 180 + 72	+ 246 + 72	+ 261 + 120	+ 347 + 120	+ 427 + 120	+ 480 + 120	+ 477 + 170 + 487 + 180	+ 610 + 170 + 620 + 180	+ 820 + 380 + 850 + 410
+ 123 + 43	+ 131 + 43	+ 146 + 43	+ 206 + 43	+ 211 + 85	+ 285 + 85	+ 308 + 145	+ 405 + 145	+ 495 + 145	+ 555 + 145	+ 550 + 200 + 560 + 210 + 580 + 230	+ 700 + 200 + 710 + 210 + 730 + 230	+ 960 + 460 + 1020 + 520 + 1080 + 580
+ 142 + 50	+ 151 + 50	+ 168 + 50	+ 237 + 50	+ 244 + 100	+ 330 + 100	+ 357 + 170	+ 470 + 170	+ 575 + 170	+ 645 + 170	+ 645 + 240 + 665 + 260 + 685 + 280	+ 820 + 240 + 840 + 260 + 860 + 280	+ 1240 + 660 + 1320 + 740 + 1400 + 820
+ 160 + 56	+ 169 + 56	+ 189 + 56	+ 267 + 56	+ 272 + 110	+ 370 + 110	+ 401 + 190	+ 530 + 190	+ 640 + 190	+ 720 + 190	+ 750 + 300 + 780 + 330	+ 940 + 300 + 970 + 330	+ 1560 + 920 + 1690 + 1050
+ 176 + 62	+ 187 + 62	+ 208 + 62	+ 291 + 62	+ 303 + 125	+ 405 + 125	+ 439 + 210	+ 580 + 210	+ 710 + 210	+ 800 + 210	+ 860 + 360 + 900 + 400	+ 1080 + 360 + 1120 + 400	+ 1920 + 1200 + 2070 + 1350

Schraubenverbindungen

Normen (Auswahl) und Bezugsliteratur

DIN 13 Metrisches ISO-Gewinde
DIN 74 Senkungen
DIN 78 Gewindeenden, Schraubenüberstände
DIN 103 Metrisches ISO-Trapezgewinde
DIN 259 Whitworth-Rohrgewinde
DIN 475 Schlüsselweiten

[1] VDI-Richtlinie 2230: Systematische Berechnung hochbeanspruchter Schraubenverbindungen. VDI-Verlag GmbH, Düsseldorf

[2] *Kubier, K.-H.:* Vereinfachtes Berechnen von Schraubenverbindungen. Mitteilung aus den KAMAX-Werken, „Verbindungstechnik" (1978)

[3] *Illgner, K.-H.* und *Blume, D.:* Schraubenvademecum. Bauer & Schaurte Karcher GmbH, Neuß 1988

[4] *Galwelat, M.* und *Beitz, W.:* Gestaltungsrichtlinien für unterschiedliche Schraubenverbindungen.

Berechnung längsbelasteter Schrauben ohne Vorspannung

erforderlicher Spannungsquerschnitt A_{Serf}	$A_{Serf} \geq \frac{F}{0{,}8 \cdot R_{p0,2}}$
vorhandene Zugspannung σ_z	$\sigma_z = \frac{F}{A_S}$
vorhandene Flächenpressung p_m im Gewinde	$p_m = \frac{FP}{\pi d_2 H_1 m} \leq p_{zul}$
vorhandene Ausschlagspannung σ_a bei Belastung	$\sigma_a = \frac{F}{2A_S} \leq \sigma_A$

F gegebene Betriebskraft
$R_{p0,2}$ Dehngrenze
A_S Spannungsquerschnitt
P Gewindesteigung
d_2 Flankendurchmesser
H_1 Tragtiefe
p_{zul} = 13... 15 N/mm² für Stahl
σ_A Ausschlagfestigkeit
m Mutterhöhe

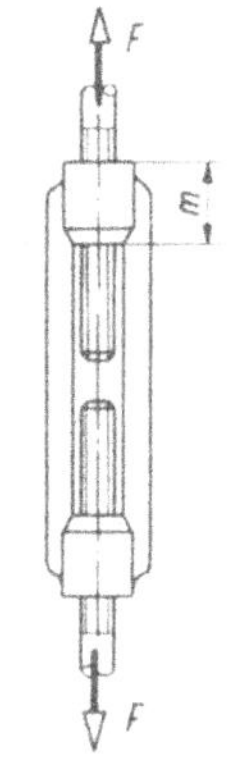

Spannschloss

Berechnung unter Last angezogener Schrauben

erforderlicher Spannungsquerschnitt A_{Serf}	$A_{Serf} \geq \frac{F}{0{,}6 \cdot R_{p0,2}}$	F gegebene Spannkraft $R_{p0,2}$ Dehngrenze A_S aus Gewindetabelle wählen
vorhandene Zugspannung σ_z	$\sigma_z = \frac{F}{A_S}$	
vorhandene Torsionsspannung τ_t	$\tau_t = \frac{M_{RG}}{W_{ps}} = \frac{F\,d_2}{2W_{ps}} \tan(\alpha + \varrho')$	W_{ps} polares Widerstandsmoment aus der Gewindetabelle
reduzierte Spannung σ_{red} (Vergleichsspannung)	$\sigma_{red} = \sqrt{\sigma_z^2 + 3\tau_t^2} \leq 0{,}9 \cdot R_{p0,2}$ $\sigma_{red} \approx 1{,}3\,\sigma_z$ (für Überschlagsrechnungen)	
Ausschlagspannung σ_a bei schwingender Belastung	$\sigma_a = \frac{F}{2A_s} \leq \sigma_A$	σ_A Ausschlagfestigkeit

Kräfte und Verformungen in vorgespannten Schraubenverbindungen (Verspannungsschaubild)

Verspannungsschaubild für den theoretischen Fall: Betriebskraft F_A greift zentrisch an Schraubenkopf- und Mutterauflagefläche an ($n = 1$)

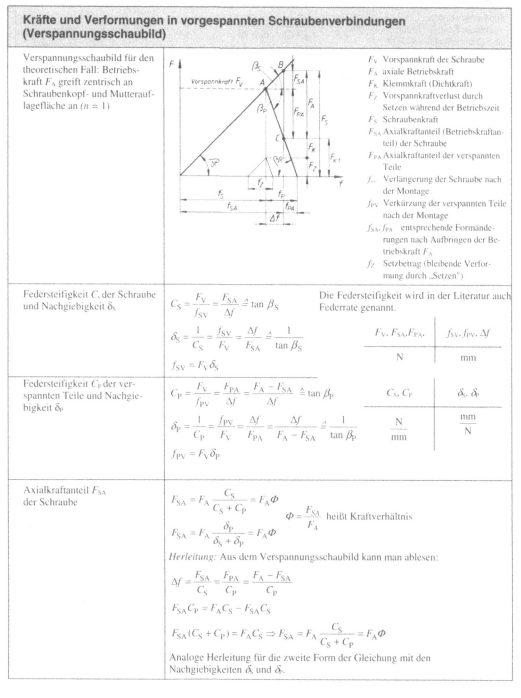

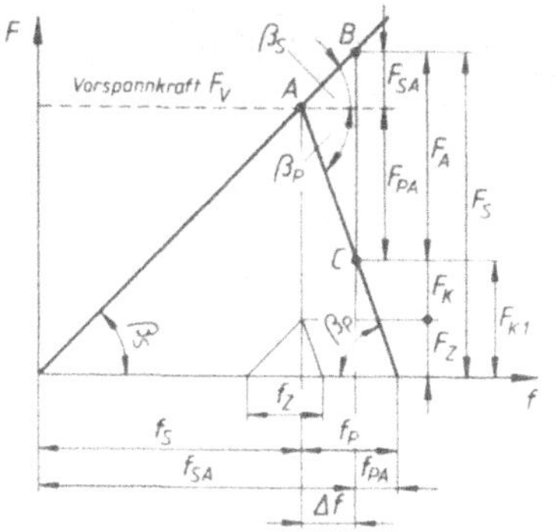

F_V Vorspannkraft der Schraube
F_A axiale Betriebskraft
F_K Klemmkraft (Dichtkraft)
F_Z Vorspannkraftverlust durch Setzen während der Betriebszeit
F_S Schraubenkraft
F_{SA} Axialkraftanteil (Betriebskraftanteil) der Schraube
F_{PA} Axialkraftanteil der verspannten Teile
f_{SV} Verlängerung der Schraube nach der Montage
f_{PV} Verkürzung der verspannten Teile nach der Montage
f_{SA}, f_{PA} entsprechende Formänderungen nach Aufbringen der Betriebskraft F_A
f_Z Setzbetrag (bleibende Verformung durch „Setzen")

Federsteifigkeit C_S der Schraube und Nachgiebigkeit δ_S

$$C_S = \frac{F_V}{f_{SV}} = \frac{F_{SA}}{\Delta f} \mathrel{\hat{=}} \tan\beta_S$$

$$\delta_S = \frac{1}{C_S} = \frac{f_{SV}}{F_V} = \frac{\Delta f}{F_{SA}} \mathrel{\hat{=}} \frac{1}{\tan\beta_S}$$

$$f_{SV} = F_V \delta_S$$

Die Federsteifigkeit wird in der Literatur auch Federrate genannt.

F_V, F_{SA}, F_{PA}	$f_{SV}, f_{PV}, \Delta f$
N	mm

Federsteifigkeit C_P der verspannten Teile und Nachgiebigkeit δ_P

$$C_P = \frac{F_V}{f_{PV}} = \frac{F_{PA}}{\Delta f} = \frac{F_A - F_{SA}}{\Delta f} \mathrel{\hat{=}} \tan\beta_P$$

$$\delta_P = \frac{1}{C_P} = \frac{f_{PV}}{F_V} = \frac{\Delta f}{F_{PA}} = \frac{\Delta f}{F_A - F_{SA}} \mathrel{\hat{=}} \frac{1}{\tan\beta_P}$$

$$f_{PV} = F_V \delta_P$$

C_S, C_P	δ_S, δ_P
$\frac{N}{mm}$	$\frac{mm}{N}$

Axialkraftanteil F_{SA} der Schraube

$$F_{SA} = F_A \frac{C_S}{C_S + C_P} = F_A \Phi$$

$$F_{SA} = F_A \frac{\delta_P}{\delta_S + \delta_P} = F_A \Phi$$

$\Phi = \frac{F_{SA}}{F_A}$ heißt Kraftverhältnis

Herleitung: Aus dem Verspannungsschaubild kann man ablesen:

$$\Delta f = \frac{F_{SA}}{C_S} = \frac{F_{PA}}{C_P} = \frac{F_A - F_{SA}}{C_P}$$

$$F_{SA} C_P = F_A C_S - F_{SA} C_S$$

$$F_{SA}(C_S + C_P) = F_A C_S \Rightarrow F_{SA} = F_A \frac{C_S}{C_S + C_P} = F_A \Phi$$

Analoge Herleitung für die zweite Form der Gleichung mit den Nachgiebigkeiten δ_S und δ_P.

Schraubenverbindungen

Kraftverhältnis Φ für zentrische Krafteinleitung an Schraubenkopf- und Mutterauflage $(n = 1)$	$\Phi = \dfrac{F_{SA}}{F_A} = \dfrac{C_S}{C_S + C_P} = \dfrac{\delta_P}{\delta_S + \delta_P}$ $\Phi < 1$ In ausgeführten Konstruktionen liegen die Krafteinleitungsebenen für die Betriebskraft innerhalb der Klemmlänge l_K. Dann wird der Axialkraftanteil F_{SA} kleiner $(n < 1)$. Das Kraftverhältnis ist dann $\Phi_n = n\Phi < \Phi$
Axialkraftanteil F_{PA} der verspannten Teile	$F_{PA} = F_A(1 - \Phi)$ *Herleitung:* Aus dem Verspannungsschaubild liest man ab $F_{PA} = F_A - F_{SA}$ $\qquad\qquad\qquad$ $F_{SA} = F_A\Phi$ $F_{PA} = F_A - F_A\Phi = F_A(1 - \Phi)$
Axialkraftanteile F_{SA} und F_{PA} mit $\Phi_n = n\Phi$	$F_{SA} = F_A\Phi_n$ $\qquad\qquad\qquad\qquad$ n $\quad$ Krafteinleitungsfaktor, empfohlen wird $n = 0{,}5$ $F_{SA} = F_A n\dfrac{C_S}{C_S + C_P} = F_A n\dfrac{\delta_P}{\delta_S + \delta_P}$ $F_{PA} = F_A - F_{SA} = F_A - F_A\Phi_n$ $F_{PA} = F_A(1 - \Phi_n)$
Klemmkraft F_K bei $n < 1$	$F_K = F_V - F_Z - F_{PA}$ $F_K = F_V - F_Z - F_A(1 - \Phi_n)$
Schraubenkraft F_s bei $n < 1$	$F_S = F_V - F_{SA}$ $F_S = F_V + F_A n\Phi = F_V + F_A\Phi_n$ $\qquad\qquad\qquad\qquad\qquad$ Vorspannkraft F_V $\qquad\qquad\qquad\qquad\overbrace{\qquad\qquad\qquad\qquad}$ $F_S \quad = \quad F_Z \quad + \quad F_K \quad + \quad \underbrace{(1 - \Phi_n)\,F_A} \quad + \quad \underbrace{\Phi_n F_A}$ Schraubenkraft $\;$ Setzkraft $\;$ Klemmkraft $\;$ Axialkraftanteil der $\quad$ Axialkraftanteil $\qquad\qquad\qquad\qquad\qquad\qquad\qquad\qquad$ verspannten Teile $\qquad$ der Schraube $\qquad\qquad\qquad\qquad\qquad\qquad\qquad\qquad\underbrace{\qquad\qquad\qquad\qquad\qquad\qquad}$ $\qquad\qquad\qquad\qquad\qquad\qquad\qquad\qquad\qquad$ axiale Betriebskraft F_A
Setzkraft F_z	$F_Z = f_Z C_S(1 - \Phi)$ $\qquad\qquad\qquad\qquad\qquad$ f_Z siehe Seite 56 $F_Z = f_Z\dfrac{\Phi}{\delta_P}$

Berechnung vorgespannter Schraubenverbindungen bei axial wirkender Betriebskraft

Die Schraubenverbindung hat äußere Kräfte aufzunehmen, die zu einer statisch oder dynamisch auftretenden Betriebskraft F_A in der Schraube führen. Die Betriebskraft wirkt als Schraubenlängskraft (axial). Die Verbindung wird mit einer Montagevorspannkraft F_{VM} angezogen, die in der Schraubenachse wirkt. Die Funktion der Verbindung soll durch eine erforderliche Klemmkraft F_{Kerf} sichergestellt werden. Eine rechtwinklig zur Schraubenachse wirkende Querkraft F_Q (Betriebskraft) tritt nicht auf. l_K ist die Klemmlänge der Schraubenverbindung.

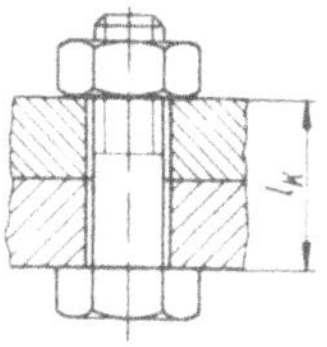

erforderlicher Spannungsquerschnitt A_{Serf} und Wahl des Gewindes

$$A_{S\,erf} \geq \frac{\alpha_A (F_{K\,erf} + F_A)}{\upsilon R_{p\,0,2}}$$

A_{Serf}	$F_{K\,erf}, F_A$	α_A, ν	$R_{p\,0,2}$
mm^2	N	1	$\frac{N}{mm^2}$

A_{Serf} erforderlicher Spannungsquerschnitt

$F_{K\,erf}$ erforderliche Klemmkraft (zum Beispiel Dichtkraft)

F_A axiale Betriebskraft

ν Ausnutzungsbeiwert für die Streckgrenze R_e oder für die 0,2-Dehngrenze $R_{p\,0,2}$, zweckmäßig wird hier $\nu = 0,6$ gesetzt (Erfahrungswert)

$R_{p\,0,2}$ 0,2-Dehngrenze

α_A Anziehfaktor

Festigkeitseigenschaften der Schraubenstähle:

Kennzeichen	4.6	4.8	5.6	5.8	6.6	6.8	6.9	8.8	10.9	12.9
Mindest-Zugfestigkeit R_m in N mm²	400		500		600			800	1000	1200
Mindest-Streckgrenze R_e oder $R_{p\,0,2}$-Dehngrenze in N mm²	240	320	300	400	360	480	540	640	900	1080
Bruchdehnung A_5 in %	25	14	20	10	16	8	12	12	9	8

Federsteifigkeit C_S der Schraube und Nachgiebigkeit δ_S (Die Federsteifigkeit wird auch als Federrate bezeichnet)

$$C_S = \frac{1}{\delta_S} = \frac{E_S}{\frac{l_1}{A} + \frac{l_2}{A_S} + 2\frac{l_3}{A_S}}$$

C_S	δ_S	E_S	A, A_S	l_1, l_2, l_3
$\frac{N}{mm^2}$	$\frac{mm}{N}$	$\frac{N}{mm^2}$	mm^2	mm

E_S Elastizitätsmodul des Schraubenwerkstoffes ($E_{Stahl} = 2,1 \cdot 10^5$ N/mm²)

A Schaftquerschnitt der Schraube

A_S Spannungsquerschnitt

l_1, l_2, l_3 federnde Teillängen an der Schraube siehe Tafel für Geometrische Größen an Sechskantschrauben.

Für Durchsteckschrauben gilt:

$l_1 = l - b$ und $l_2 = l_K - (l - b)$

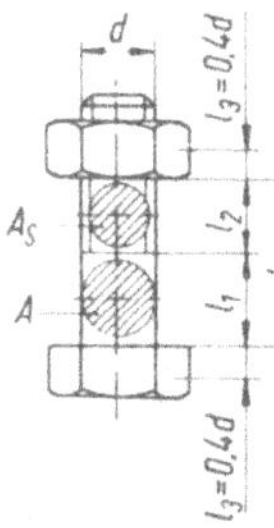

Schraubenverbindungen

<table>
<tr><td>Überschlagsformel für die Federsteifigkeit C_S und die Nachgiebigkeit δ_S der Schraube</td><td>

$$C_S = \frac{E_S A_S}{l_K} = \frac{1}{\delta_S}$$

<table>
<tr><th>C_S</th><th>δ_S</th><th>E_S</th><th>A_S</th><th>l_K</th></tr>
<tr><td>$\frac{\text{N}}{\text{mm}}$</td><td>$\frac{\text{mm}}{\text{N}}$</td><td>$\frac{\text{N}}{\text{mm}^2}$</td><td>$\text{mm}^2$</td><td>mm</td></tr>
</table>

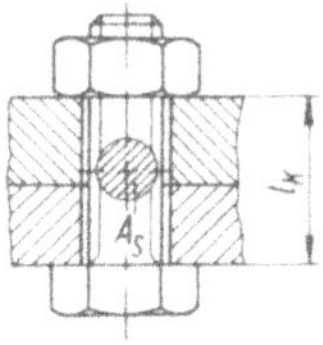

</td></tr>
<tr><td>Ersatzquerschnitt A_{ers} [1] der Platten (Flanschen) für $d_w + l_K < D_A$</td><td>

$$A_{ers} = \frac{\pi}{8}\left(d_w^2 - d_h^2\right) + \frac{\pi}{8} d_w l_K \left[\left(\sqrt[3]{\frac{l_K d_w}{(l_K + d_w)}} + 1\right)^2 - 1\right]$$

D_A Außendurchmesser der verspannten Teile (Platten, Flanschen)
d_w Außendurchmesser der Kopfauflage; bei Sechskantschrauben der Telleransatz, sonst Schlüsselweite; bei Zylinderschrauben Kopfdurchmesser
d_h Durchmesser der Durchgangsbohrung (s. S. 59)</td></tr>
<tr><td>Federsteifigkeit C_P der verspannten Teile und Nachgiebigkeit δ_P</td><td>

$$C_P = \frac{E_P A_{ers}}{l_K} = \frac{1}{\delta_P}$$

<table>
<tr><th>C_P</th><th>δ_P</th><th>E_P</th><th>A_{ers}</th><th>l_K</th></tr>
<tr><td>$\frac{\text{N}}{\text{mm}}$</td><td>$\frac{\text{mm}}{\text{N}}$</td><td>$\frac{\text{N}}{\text{mm}^2}$</td><td>$\text{mm}^2$</td><td>mm</td></tr>
</table>

E_P Elastizitätsmodul der verspannten Teile
l_K Klemmlänge
A_{ers} Querschnitt des Ersatz-Hohlzylinders</td></tr>
<tr><td>Kraftverhältnisse Φ und Φ_n für zentrische Krafteinleitung</td><td>

$$\Phi = \frac{C_S}{C_S + C_P} = \frac{\delta_P}{\delta_S + \delta_P}$$

$$\Phi_n = n\Phi$$

n Krafteinleitungsfaktor, empfohlener Richtwert: $n = 0{,}5$</td></tr>
<tr><td>Setzkraft F_Z (Vorspannkraftverlust durch Setzen)</td><td>

$$F_Z = f_Z C_S (1 - \Phi)$$

$$F_Z = f_Z \frac{\Phi}{\delta_P}$$

f_Z Setzbetrag (bleibende Verformung durch Setzen)</td></tr>
<tr><td></td><td>Richtwerte für den Setzbetrag f_Z in mm in Abhängigkeit vom Klemmlängenverhältnis l_K/d:

<table>
<tr><th>$\frac{l_K}{d} = 1$</th><th>2,5</th><th>5</th><th>10</th></tr>
<tr><td>$f_Z = 0{,}003$</td><td>0,005</td><td>0,006</td><td>0,008</td></tr>
</table>
</td></tr>
<tr><td>Montagevorspannkraft F_{VM}</td><td>

$$F_{VM} = \alpha_A \left[F_{K\,erf} + F_Z + (1 - \Phi_n) F_A \right]$$
</td></tr>
</table>

[1] DUBBEL (2000) Taschenbuch für den Maschinenbau, 20. Auflage, Springer Berlin Heidelberg New York, VDI-Richtlinie 2230 (1986), VDI-Verlag Düsseldorf

Schraubenkraft F_S (größte Schraubenzugkraft, siehe Verspannungsschaubild)

$$F_S = F_{VM} + F_{SA} = F_{VM} + \Phi_n F_A$$

$$F_S = \alpha_A [F_{K\,erf} + F_Z + (1 - \Phi_n) F_A] + \Phi_n F_A$$

Kraftnachweis zur ersten Kontrolle

$$F_S \le F_{0,2}$$

$$F_{0,2} = A_S R_{p\,0,2}$$

$F_{0,2}$ Streckgrenzkraft (Schraubenkraft an der Streckgrenze R_e oder 0,2-Dehngrenze $R_{p\,0,2}$)

Wird die Bedingung $F_s \le F_{0,2}$ nicht eingehalten, muss die Rechnung mit dem nächstgrößeren Schraubendurchmesser d wiederholt werden.

Längenänderungen f_S, f_P nach der Montage (siehe Verspannungsschaubild)

$$f_S = \frac{F_{VM}}{C_S} = F_{VM}\delta_S \qquad f_P = \frac{F_{VM}}{C_P} = F_{VM}\delta_P$$

erforderliches Anziehdrehmoment M_A

$$M_A = F_{VM}\left[\frac{d_2}{2}\tan(\alpha + p') + \mu_A \cdot 0{,}7\, d\right]$$

M_A	F_{VM}	d_2, d	μ_A
Nmm	N	mm	1

F_{VM} Montagevorspannkraft

d_2 Flankendurchmesser am Gewinde

d Gewindedurchmesser (zum Beispiel ist für das Gewinde M10 der Durchmesser d = 10 mm)

α Steigungswinkel am Gewinde

ρ' Reibwinkel am Gewinde

μ_A Gleitreibzahl der Kopf- oder Mutterauflagefläche

$\mu_A \approx$ 0,1 für Stahl/Stahl trocken ($\approx$ 0,05 geölt)

$\mu_A \approx$ 0,15 für Stahl/Gusseisen trocken ($\approx$ 0,05 geölt)

Richtwerte für Reibzahlen μ' und Reibwinkel ρ' für metrisches ISO-Regelgewinde

Reibungsverhältnisse / Behandlungsart	trocken		geschmiert		MoS_2-Paste	
	μ'	ϱ'	μ'	ϱ'	μ'	ϱ'
ohne Nachbehandlung	0,16	9°	0,14	8°		
phosphatiert	0,18	10°	0,14	8°		
galvanisch verzinkt	0,14	8°	0,13	7,5°	0,1	6°
galvanisch verkadmet	0,1	6°	0,09	5°		

Momentenvergleich M_A, $M_{A\,zul}$

$$M_A \le M_{A\,zul}$$

Montage-Vorspannung σ_{VM}

$$\sigma_{VM} = \frac{F_{VM}}{A_S}$$

F_{VM} Montage-Vorspannkraft

A_S Spannungsquerschnitt

Torsionsspannung τ_t

$$\tau_t = \frac{M_{RG}}{W_{ps}}$$

$$\tau_t = \frac{F_{VM} d_2 \tan(\alpha + \rho')}{2 W_{ps}} \qquad W_{ps} = \frac{\pi}{16} d_s^3$$

M_{RG} Gewindereibmoment

d_2 Flankendurchmesser

polares Widerstandsmoment der Schraube

α Steigungswinkel des Gewinde aus $\tan a = P/\pi\, d_2$

P Gewindesteigung

ϱ' Reibwinkel

Vergleichsspannung σ_{red} (reduzierte Spannung)

$$\sigma_{red} = \sqrt{\sigma_{VM}^2 + 3\tau_t^2} \leq 0{,}9 \cdot R_{p0,2}$$

$R_{p\,0,2}$ 0,2-Dehngrenze

Ist die Bedingung $\sigma_{red} \leq 0{,}9 \cdot R_{p\,0,2}$ nicht erfüllt, muss die Schraubenberechnung mit einem größeren Schraubendurchmesser d oder mit einer höherer Festigkeitsklasse wiederholt werden.

Ausschlagkraft F_a bei dynamischer Betriebskraft F_A

$$F_a = \frac{F_{SA\,max} - F_{SA\,min}}{2} = \frac{F_{A\,max} - F_{A\,min}}{2} = n\Phi$$

$$F_a = \frac{F_{SA}}{2} \text{ bei } F_{SA\,min} = 0$$

$$F_m = F_{VM} + F_{SA\,min} + F_a$$

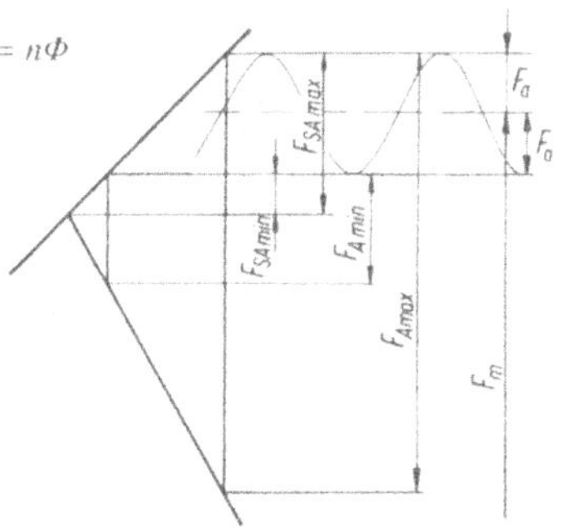

Ausschlagspannung σ_a

$$\sigma_a = \frac{F_a}{A_S} \leq 0{,}9 \cdot \sigma_a$$

σ_A Ausschlagfestigkeit der Schraube

A_S Spannungsquerschnitt

Ausschlagfestigkeit $\pm\,\sigma_a$ in N/mm²

Festigkeitsklasse	Gewinde < M 8	M 8 ... M 12	M 14 ... M 20	> M 20
4.6 und 5.6	50	40	35	35
8.8 bis 12.9	60	50	40	35
10.9 und 12.9 schlussgerollt	100	90	70	60

Eingehende Betrachtungen und Untersuchungen zur Dauerhaltbarkeit von Schraubenverbindungen in [3].

Flächenpressung p (Nachweis erforderlich ab Festigkeitsklasse 8.8)

$$p = \frac{F_S}{A_p} \leq p_G$$

A_p gepresste Auflagefläche

p_G Grenzflächenpressung

Richtwerte für p_G

Anziehart	Grenzflächenpressung p_G in N/mm² bei Werkstoff der Teile: S235JR	E295 E335	C45E	Stahl, vergütet	Stahl, einsatzgehärtet	GJL-250	AC-AlSiCuK
motorisch	200	350	600	–	–	500	120
von Hand (drehmomentgesteuert)	300	500	900	ca. 1000	ca. 1500	750	180

Geometrische Größen an Sechskantschrauben

Bezeichnung einer Sechskantschraube M10, Länge l = 90 mm, Festigkeitsklasse 8.8:

Sechskantschraube M10 × 90 DIN 931–8.8

Maße in mm, Kopfauflagefläche A_p in mm²

Gewinde	$d_a \triangleq s$	k	l-Bereich 1)	b 2)	b 3)	d_h fein	d_h mittel	A_p 4)	A_p 5)
M5	8	3,5	22 ... 80	16	22	5,3	5,5	26,5	30
M6	10	4	28 ... 90	18	24	6,4	6,6	44,3	41
M8	13	5,5	35 ... 110	22	28	8,4	9	69,1	64
M10	17	7	45 ... 160	26	32	10,5	11	132	100
M12	19	8	45 ... 180	30	36	13	13,5	140	93
M14	22	9	45 ... 200	34	40	15	15,5	191	134
M16	24	10	50 ... 200	38	44	17	17,5	212	185
M18	27	12	55 ... 210	42	48	19	20	258	244
M20	30	13	60 ... 220	46	52	21	22	327	311
M22	32	14	60 ... 220	50	56	23	24	352	383
M24	36	15	70 ...220	54	60	25	26	487	465
M27	41	17	80 ... 240	60	66	28	30	613	525
M30	46	19	80 ... 260	66	72	31	33	806	707

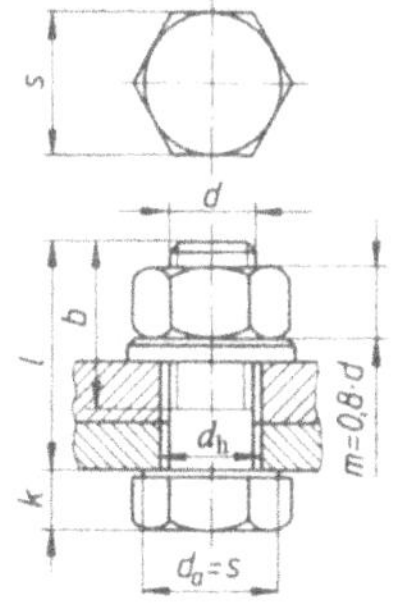

1) gestuft: 18, 20, 25, 28, 30, 35, 40, ...

2) für l ≤ 125 mm

3) für l > 125 mm ... 200 mm

4) für Sechskantschrauben

5) für Innen-Sechskantschrauben

Maße an Senkschrauben mit Schlitz und an Senkungen für Durchgangsbohrungen

Bezeichnung einer Senkschraube M10

Länge l = 20 mm, Festigkeitsklasse 5.8:

Senkschraube M10 × 20 DIN 963–5.8

Bezeichnung der zugehörigen Senkung

der Form A mit Bohrungsausführung mittel (m):

Senkung A m 10 DIN 74

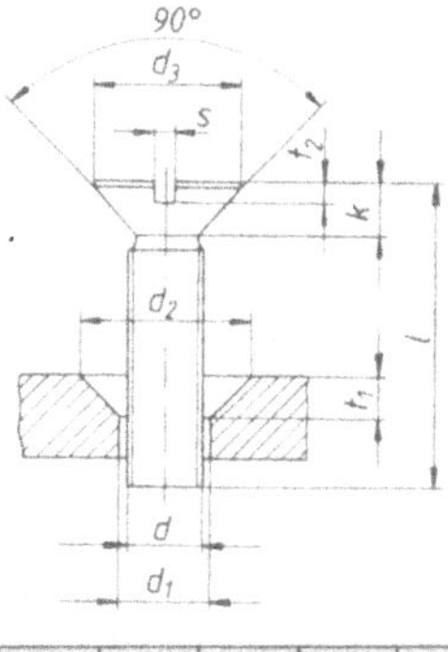

Maße in mm

Gewindedurchmesser	d = M...	1	1,2	1,4	1,6	2	2,5	3	4	5	6	8	10	12	16	20
	k_{max}	0,6	0,72	0,84	0,96	1,2	1,5	1,65	2,2	2,5	3	4	5	6	8	10
	d_3	1,9	2,3	2,6	3	3,8	4,7	5,6	7,5	9,2	11	14,5	18	22	29	36
	$t_{2\,max}$	0,3	0,35	0,4	0,45	0,6	0,7	0,85	1,1	1,3	1,6	2,1	2,6	3	4	5
	s	0,25	0,3	0,3	0,4	0,5	0,6	0,8	1	1,2	1,6	2	2,5	3	4	5
	d_1	1,2	1,4	1,6	1,8	2,4	2,9	3,4	4,5	5,5	6,6	9	11	14	18	22
	d_2	2,4	2,8	3,3	3,7	4,6	5,7	6,5	8,6	10,4	12,4	16,4	20,4	24,4	32,4	40,4
	t_1	0,6	0,7	0,8	0,9	1,1	1,4	1,6	2,1	2,5	2,9	3,7	4,7	5,2	7,2	9,2

Maschinenelemente

Metrisches ISO-Gewinde

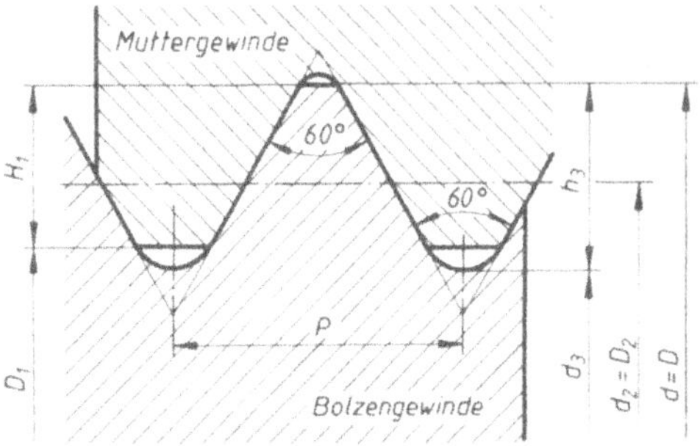

Bezeichnung des metrischen Regelgewindes
z.B. M12 Gewinde-Nenndurchmesser
$d = D = 12$ mm

Maße in mm

Gewinde-Nenndurchmesser $d = D$ Reihe 1	Reihe 2	Steigung P	Steigungswinkel α in Grad	Flankendurchmesser $d_2=D_2$	Kerndurchmesser d_3	D_1	Gewindetiefe[1] h_3	H_1	Spannungsquerschnitt A_S mm^2	polares Widerstandsmoment W_{pS} mm^3	Schaftquerschnitt A mm^2
3		0,5	3,40	2,675	2,387	2,459	0,307	0,271	5,03	3,18	7,07
	3,5	0,6	3,51	3,110	2,764	2,850	0,368	0,325	6,78	4,98	9,62
4		0,7	3,60	3,545	3,141	3,242	0,429	0,379	8,73	7,28	12,6
	4,5	0,75	3,40	4,013	3,580	3,688	0,460	0,406	11,3	10,72	15,9
5		0,8	3,25	4,480	4,019	4,134	0,491	0,433	14,2	15,09	19,6
6		1	3,40	5,350	4,773	4,917	0,613	0,541	20,1	25,42	28,3
8		1,25	3,17	7,188	6,466	6,647	0,767	0,677	36,6	62,46	50,3
10		1,5	3,03	9,026	8,160	8,376	0,920	0,812	58,0	124,6	78,5
12		1,75	2,94	10,863	9,853	10,106	1,074	0,947	84,3	218,3	113
	14	2	2,87	12,701	11,546	11,835	1,227	1,083	115	347,9	154
16		2	2,48	14,701	13,546	13,835	1,227	1,083	157	554,9	201
	18	2,5	2,78	16,376	14,933	15,294	1,534	1,353	192	750,5	254
20		2,5	2,48	18,376	16,933	17,294	1,534	1,353	245	1082	314
	22	2,5	2,24	20,376	18,933	19,294	1,534	1,353	303	1488	380
24		3	2,48	22,051	20,319	20,752	1,840	1,624	353	1871	452
	27	3	2,18	25,051	23,319	23,752	1,840	1,624	459	2774	573
30		3,5	2,30	27,727	25,706	26,211	2,147	1,894	561	3748	707
	33	3,5	2,08	30,727	28,706	29,211	2,147	1,894	694	5157	855
36		4	2,18	33,402	31,093	31,670	2,454	2,165	817	6588	1020
	39	4	2,00	36,402	34,093	34,670	2,454	2,165	976	8601	1190
42		4,5	2,10	39,077	36,479	37,129	2,760	2,436	1120	10574	1390
	45	4,5	1,95	42,077	39,479	40,129	2,760	2,436	1300	13222	1590
48		5	2,04	44,752	41,866	42,587	3,067	2,706	1470	15899	1810
	52	5	1,87	48,752	45,866	46,587	3,067	2,706	1760	20829	2120
56		5,5	1,91	52,428	49,252	50,046	3,374	2,977	2030	25801	2460
	60	5,5	1,78	56,428	53,252	54,046	3,374	2,977	2360	32342	2830
64		6	1,82	60,103	56,639	57,505	3,681	3,248	2680	39138	3220
	68	6	1,71	64,103	60,639	61,505	3,681	3,248	3060	47750	3630

[1] H_1 ist die Tragtiefe zur Berechnung der Flächenpressung im Gewinde

Metrisches ISO-Trapezgewinde nach DIN 103

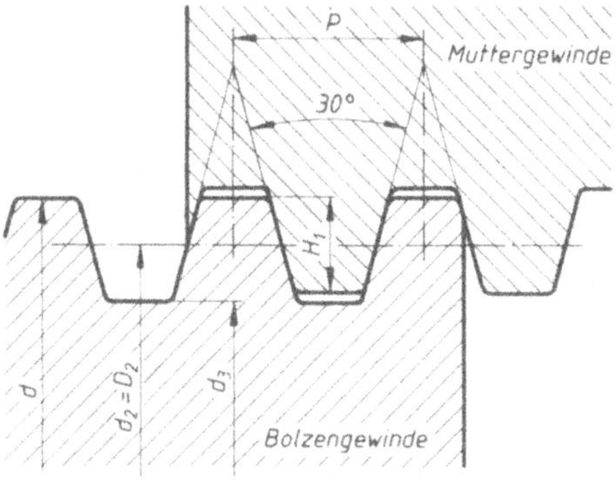

Bezeichnung für

a) eingängiges Gewinde z.B.

TR75 × 10

Gewindedurchmesser d = 75 mm
Steigung P = 10 mm = Teilung

b) zweigängiges Gewinde z.B.

TR75 × 20 P10

Gewindedurchmesser d = 75 mm,
Steigung P_h = 20 mm
Teilung P = 10 mm

$$\text{Gangzahl } z = \frac{\text{Steigung } P_h}{\text{Teilung } P} = \frac{20 \text{ mm}}{10 \text{ mm}} = 2$$

Maße in mm

Gewinde-durchmesser d	Steigung P	Steigungs-winkel α in Grad	Tragtiefe H_1 $H_1 = 0{,}5\,P$	Flanken-durchmesser $D_2 = d_2$ $D_2 = d - H_1$	Kern-durchmesser d_3	Kern-querschnitt $A_3 = \frac{\pi}{4} d_3^2$ mm²	polares Wider-standsmoment $W_p = \frac{\pi}{16} d_3^3$ mm³
8	1,5	3,77	0,75	7,25	6,2	30,2	46,8
10	2	4,05	1	9	7,5	44,2	82,8
12	3	5,20	1,5	10,5	9	63,6	143
16	4	5,20	2	14	11,5	104	299
20	4	4,05	2	18	15,5	189	731
24	5	4,23	2,5	21,5	18,5	269	1243
28	5	3,57	2,5	25,5	22,5	398	2237
32	6	3,77	3	29	25	491	3068
36	6	3,31	3	33	29	661	4789
40	7	3,49	3,5	36,5	32	804	6434
44	7	3,15	3,5	40,5	36	1018	9161
48	8	3,31	4	44	39	1195	11647
52	8	3,04	4	48	43	1452	15611
60	9	2,95	4,5	55,5	50	1963	24544
65	10	3,04	5	60	54	2290	30918
70	10	2,80	5	65	59	2734	40326
75	10	2,60	5	70	64	3217	51472
80	10	2,43	5	75	69	3739	64503
85	12	2,77	6	79	72	4071	73287
90	12	2,60	6	84	77	4656	89640
95	12	2,46	6	89	82	5281	108261
100	12	2,33	6	94	87	5945	129297
110	12	2,10	6	104	97	7390	179203
120	14	2,26	7	113	104	8495	220867

Berechnung von zylindrischen Schraubenzug- und Druckfedern

$$\tau_i = \frac{8FD_m}{\pi d^3} = \frac{Gdf}{\pi i_f D_m^2} < \tau_{i\,zul} \qquad F = \frac{d^4 fG}{8 i_f D_m^3}$$

$$d > \sqrt[3]{\frac{8FD_m}{\pi \tau_{i\,zul}}}$$

G Schubmodul

$G_{Stahl} \approx 83\,000$ N/mm²

τ_i ideelle Schubspannung

i_f Anzahl der federnden Windungen

$$f = \frac{8D_m^3 i_f F}{d^4 G} \qquad c = \frac{d^4 G}{8 i_f D_m^3} \qquad i_f = \frac{1}{c} \cdot \frac{d^4 G}{8 D_m^3} \qquad Wf = \frac{V\tau^2}{4G}$$

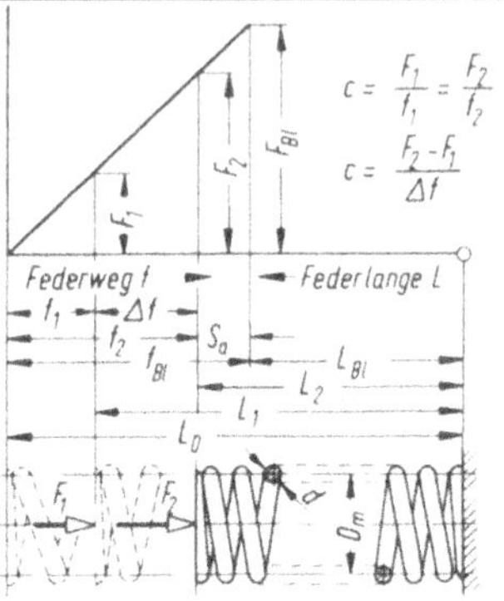

$$L_{Bl} = (i_f + 1{,}8)d = i_g d; \qquad i_g = i_f + 1{,}8$$

$$L_0 = L_{Bl} + S_a + f_2$$

i_g Gesamtzahl der Windungen

L_{Bl} Blocklänge

S_a Summe aller Windungsabstände

Anhaltswerte für die zulässige ideelle Schubspannung:

Drahtdurchmesser in mm	2	4	6	8	10
$\tau_{i\,zul}$ in N/mm²	900	750	670	620	570

Ermittlung der Summe der Mindestabstände S_a bei kaltgeformten Druckfedern nach DIN 2095

d mm	Berechnungsformel für S_a in mm	x-Werte in 1/mm bei Wickelverhältnis $w = \frac{D_m}{d}$: 4...6	über 6...8	über 8...12	über 12
0,07...0,5	$0{,}5\,d + xd^2\,i_f$	0,50	0,75	1,00	1,50
über 0,5...1,0	$0{,}4\,d + xd^2\,i_f$	0,20	0,40	0,60	1,00
über 1,0...1,6	$0{,}3\,d + xd^2\,i_f$	0,05	0,15	0,25	0,40
über 1,6...2,5	$0{,}2\,d + xd^2\,i_f$	0,035	0,10	0,20	0,30
über 2,5...4,0	$1 + xd^2\,i_f$	0,02	0,04	0,06	0,10
über 4,0...6,3	$1 + xd^2\,i_f$	0,015	0,03	0,045	0,06
über 6,3...10	$1 + xd^2\,i_f$	0,01	0,02	0,030	0,04
über 10...17	$1 + xd^2\,i_f$	0,005	0,01	0,018	0,022

Entwurfsberechnung des Drahtdurchmessers d bei gegebener größter Federkraft F_2 und geschätzten Durchmessern D_a und D_i:

$$d \approx k_1 \sqrt[3]{F_2 D_a} \quad \text{(Zahlenwertgleichungen!)}$$

$$d \approx k_1 \sqrt[3]{F_2 D_i} + \frac{2(k_1 \sqrt[3]{F_2 D_i})^2}{3 D_i}$$

d, D_a, D_i	F_2	k_1
mm	N	1

$k_1 = 0{,}15$ bei $d < 5$ mm
$k_1 = 0{,}16$ bei $d = 5$ mm ... 14 mm
} für Federstahldraht C (siehe Dauerfestigkeitsschaubild)

Die Gleichung $\tau_i = 8FD_m/\pi d^3$ berücksichtigt nicht die Spannungserhöhung durch die Drahtkrümmung. Bei *schwingender* Belastung der Feder wird diese Spannungserhöhung berücksichtigt. Es gilt dann:

$$\tau_{k1} = k\frac{8F_1D_m}{\pi d^3} = k\frac{Gdf_1}{\pi i_f D_m^2} < \tau_{kO}$$

$$\tau_{k2} = k\frac{8F_2D_m}{\pi d^3} = k\frac{Gdf_2}{\pi i_f D_m^2} < \tau_{kO}$$

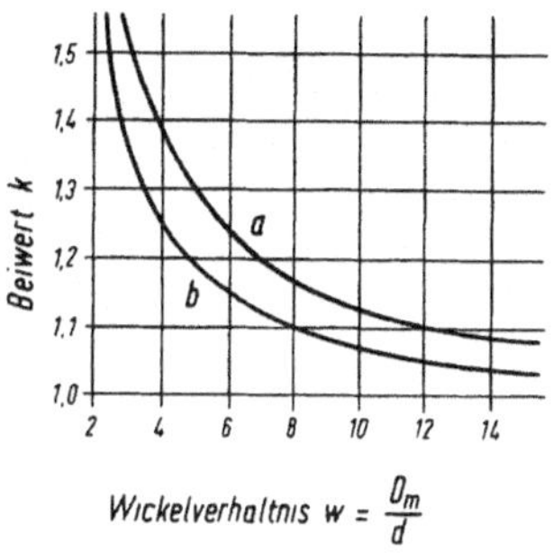

k Beiwert nach nebenstehendem Schaubild in Abhängigkeit vom Wickelverhältnis. Kurve a für Schraubendruckfeder, Kurve b für Drehfedern

τ_{kO} Oberspannungsfestigkeit aus dem Dauerfestigkeitsschaubild für kaltgeformte Druckfedern aus Federstahldraht *C*

Zusätzliche Bedingungen:

Die Hubspannung τ_{kh} (berechnet mit dem Federhub $h = f_2 - f_1 = \Delta f$) darf die Dauerhubfestigkeit τ_{kH} (siehe Schaubild) nicht überschreiten:

$$\tau_{kh} = k\frac{Gdh}{\pi i_f D_m^2} < \tau_{kH} \quad (h \text{ Federhub}) \qquad \text{oder}$$

$$\tau_{kh} = k\frac{8\Delta FD_m}{\pi d^3} < \tau_{kH}$$

Ebenso darf die größte Schubspannung τ_{k2} (berechnet mit dem Federweg f_2) die Oberspannungsfestigkeit τ_{kO} (siehe Schaubild) nicht überschreiten:

$$\tau_{k2} = k\frac{Gdf_2}{\pi i_f D_m^2} < \tau_{kO}$$

$$\tau_{k2} = k\frac{8F_2D_m}{\pi d^3} < \tau_{kO}$$

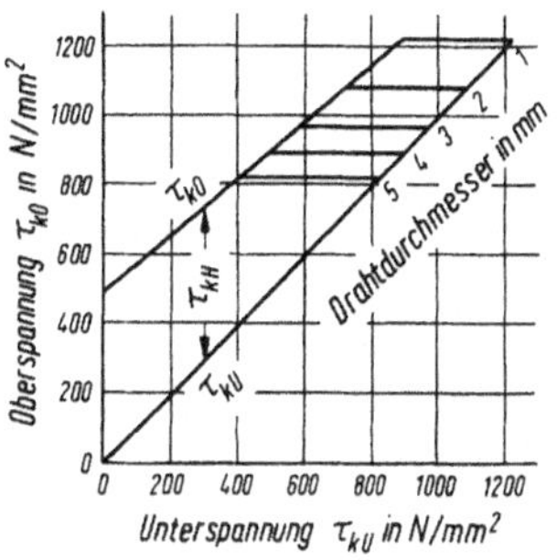

Dauerfestigkeitsschaubild für kaltgeformte Druckfedern aus Federstahldraht *C*

Zur Überprüfung der Dauerhaltbarkeit bestimmt man aus dem Federweg f_1 oder nach

$$\tau_{k1} = k\frac{8F_2D_m}{\pi d^3}$$

die Spannung τ_{k1}, setzt $\tau_{k1} = \tau_{kU}$ (Unterspannungsfestigkeit aus dem Schaubild) und liest τ_{kO} und τ_{kH} ab.

Sicherheit gegen Ausknicken ist ausreichend, wenn die geometrischen Größen im nebenstehenden Schaubild einen Schnittpunkt unterhalb der Kurven ergeben.

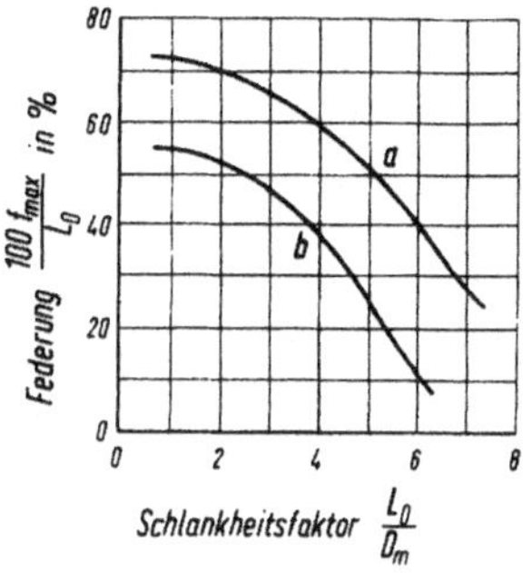

Kurve a: Federn mit geführten Einspannenden
Kurve b: Federn mit veränderlichen Auflagebedingungen

Maschinenelemente

Wellenberechnung

Größen und Einheiten

Kräfte F im N, Spannung σ, τ und Festigkeitswerte in N/mm², Drehmoment M, Biegemoment M_b und Torsionsmoment M_T in Nmm, Widerstandsmoment W in mm³, Flächenmoment 2. Grades I in mm⁴, Länge jeder Art (d, l, r, m, ...) in mm, Querschnitt (Flächeninhalt) A in mm².

Spannungsnachweis, zulässige Spannung und Sicherheit gegen Dauerbruch

Spannungsnachweis: Im Entwurf werden unter Berücksichtigung von Lagern (Gleit- oder Wälzlager), Nabensitzen, Stellringen, Montage usw. die wichtigsten Maße festgelegt.

Damit kann die M_b-Linie entwickelt (eventuell in zwei Ebenen) und der Spannungsnachweis geführt werden, und zwar an jeder Knickstelle der M_b-Linie sowie an jeder Kerbstelle (Wellenabsatz, Nabensitz, Nut, Bohrung, Einstich usw.).

vorhandene Vergleichsspannung σ_v	$\sigma_v = \sqrt{\sigma_b^2 + 3(\alpha_0 \tau_t)^2} < \sigma_{b\,zul}$	
Anstrengungsverhältnis α_0	$\alpha_0 = \frac{\sigma_{b\,zul}}{1{,}73\tau_{t\,zul}} \approx \frac{\sigma_{bW}}{1{,}73\tau_{t\,Sch}}$ $\alpha_0 \approx 1$, wenn Torsion und Biegung im gleichen Belastungsfall, $\alpha_0 \approx 0{,}7$, wenn Torsion ruhend (oder schwellend) und Biegung wechselnd (häufigster Fall).	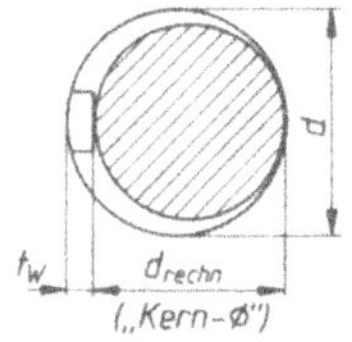
Vergleichsmoment M_v	$M_v = \sqrt{M_b^2 + 0{,}75(\alpha_0 M_T)^2}$ $M_T = 9{,}55 \cdot 10^6 \frac{P}{n}$	M_T: Nmm; P: kW; n: $\frac{1}{\text{min}}$
erforderlicher Wellendurchmesser d_{erf}	$d_{erf} = \sqrt[3]{\frac{32 M_v}{\pi \sigma_{b\,zul}}}$	Durchmesser d unter Berücksichtigung der Wellennuttiefe t_W wählen
zulässige Biegespannung $\sigma_{b\,zul}$	$\sigma_{b\,zul} = \frac{\sigma_{bW} b_1 b_2}{\beta_k \nu}$	σ_{bW} und $\tau_{t\,Sch}$ aus den Dauerfestigkeits-Tabellen (Festigkeitslehre); Oberflächenbeiwert b_1 und Größenbeiwert b_2 siehe Festigkeitslehre, ebenso Kerb Wirkungszahl β_k; Sicherheit $\nu = 1{,}5$.
zulässige Torsionsspannung $\tau_{t\,zul}$	$\tau_{t\,zul} = \frac{\tau_{t\,Sch} b_1 b_2}{\beta_k \nu}$	
Sicherheit gegen Dauerbruch ν	$\nu = \frac{\sigma_{bW} b_1 b_2}{\beta_k \sigma_v}$	

Maße für zylindrische Wellenenden mit Freistich, Passfedern und übertragbare Drehmomente

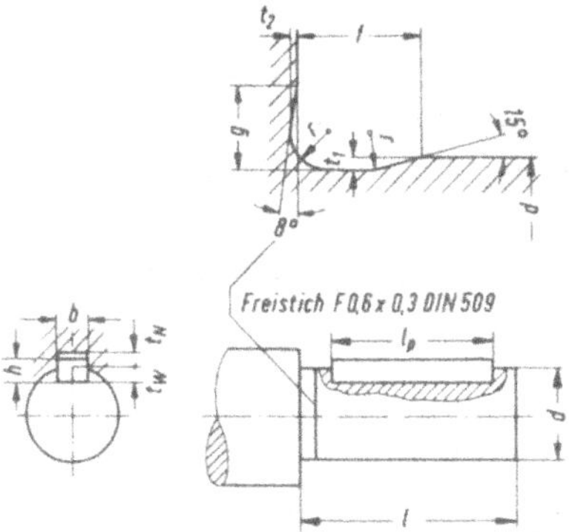

Bezeichnung eines zylindrischen Wellenendes von d = 40 mm und l = 110 mm:

Wellenende 40 × 110 DIN 748

Bezeichnung des Freistiches der Form F von r_1 = 0,6 mm und t_1 = 0,3 mm:

Freistich F 0,6 × 0,3 DIN 509

Bezeichnung der Passfeder Form A für d = 40 mm, Breite b = 12 mm Höhe h = 8 mm, Passfederlänge l_p = 70 mm:

Passfeder A 12 × 8 × 70 DIN 6885

Maße in mm

d	l		Toleranzfeld	Freistichmaße					Passfedermaße [1]			übertragbares Drehmoment M in Nm	
	kurz	lang		r	t_1	t_2	f	g	Breite mal Höhe $b \times h$	Wellennuttiefe t_W	Nabennuttiefe t_N	reine Torsion [2]	Torsion und Biegung [3]
6	–	16	k6/H7	0,4	0,2	0,1	2	1,1	–	–	–	1,7	0,7
10	15	23							4 × 4	2,5	1,8	7,9	3,3
16	28	40		0,6	0,2	0,1	2	1,4	5 × 5	3	2,3	32	14
20	36	50							6 × 6	3,5	2,8	63	26
25	42	60							8 × 7	4	3,3	120	52
30	58	80										210	89
35	58	80		0,6	0,3	0,2	2,5	2,1	10 × 8	5	3,3	340	140
40	82	110							12 × 8	5	3,8	500	210
45	82	110							14 × 9	5,5	3,8	720	300
50	82	110										980	410
55	82	110	m6/H7						16 × 10	6	4,3	$1,3 \cdot 10^3$	550
60	105	140		2,5	0,4	0,3	5	4,8	18 × 11	7	4,4	$1,7 \cdot 10^3$	710
70	105	140							20 × 12	7,5	4,9	$2,7 \cdot 10^3$	$1,1 \cdot 10^3$
80	130	170							22 × 14	9	5,4	$4 \cdot 10^3$	$1,7 \cdot 10^3$
90	130	170							25 × 14	9	5,4	$5,7 \cdot 10^3$	$2,4 \cdot 10^3$
100	165	210							28 × 16	10	6,4	$7,85 \cdot 10^3$	$3,3 \cdot 10^3$
120	165	210							32 × 18	11	7,4	$13,6 \cdot 10^3$	$5,7 \cdot 10^3$
140	200	250							36 × 20	12	8,4	$21,5 \cdot 10^3$	$9,1 \cdot 10^3$
160	240	300							40 × 22	13	9,4	$32,2 \cdot 10^3$	$13,5 \cdot 10^3$
180	240	300							45 × 25	15	10,4	$45,8 \cdot 10^3$	$19,2 \cdot 10^3$
200	280	350		4	0,5	0,3	7	6,4	50 × 28	17	11,4	$62,8 \cdot 10^3$	$26,4 \cdot 10^3$
220	280	350							56 × 32	20	12,4	$83,6 \cdot 10^3$	$35,1 \cdot 10^3$
250	330	410										$123 \cdot 10^3$	$51,6 \cdot 10^3$
280	380	470							63 × 32	20	12,4	$172 \cdot 10^3$	$72,4 \cdot 10^3$
320	380	470							70 × 36	22	14,4	$257 \cdot 10^3$	$108 \cdot 10^3$
360	450	550							80 × 40	25	15,4	$366 \cdot 10^3$	$154 \cdot 10^3$
400	540	650							90 × 45	28	17,4	$502 \cdot 10^3$	$211 \cdot 10^3$
450	540	650							100 × 50	31	19,5	$715 \cdot 10^3$	$301 \cdot 10^3$

[1] Passfederlänge l_p: 8/10/12/14/16/18/20/22/25/28/32/36/40/45/50/56/63/70/80/90/100/110/125/140/160/180/200/220/250 280/315/355/400

[2] berechnet mit $M = 7,85 \cdot 10^{-3} \cdot d^3$ aus $\tau_t = \frac{M_T}{W_p} = \frac{M_T}{(\pi/16)d^3} = \tau_{t\,zul} = 40\ \text{N/mm}^2$

[3] berechnet mit $M = 3,3 \cdot 10^{-3} \cdot d^3$ aus $\sigma_b = \frac{M}{W} = \frac{M}{(\pi/32)d^3} = \sigma_{b\,zul} = 70\ \text{N/mm}^2$ sowie $M = M_v = \sqrt{M_b^2 + 0,75 \cdot (\alpha_0 M_T)^2}$

für $\alpha_0 = 0,7$ und $M_b = 2T$ (Biegemoment = 2 × Torsionsmoment).

Maschinenelemente

Sicherungsringe für Wellen und Bohrungen

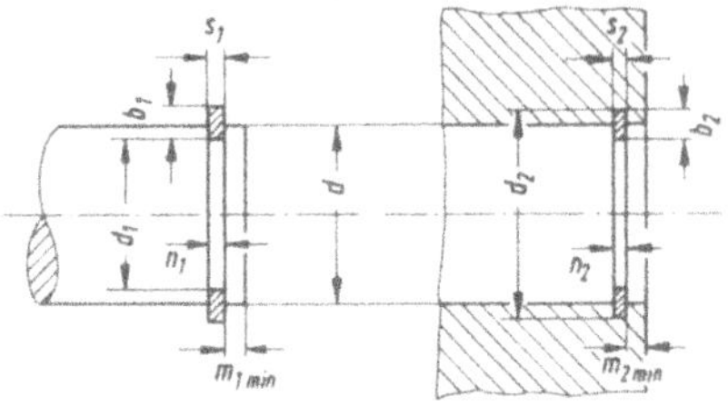

Bezeichnung eines Sicherungsringes für Wellendurchmesser $d = 50$ mm und Dicke $s_1 = 2$ mm:

Sicherungsring 50 × 2 DIN 471

Bezeichnung eines Sicherungsringes für Bohrungsdurchmesser $d = 50$ mm und Dicke $s_2 = 2$ mm:

Sicherungsring 50 × 2 DIN 472

Der Nutgrund ist scharfkantig auszuführen

Maße in mm

d	d_1		d_2		s_1	s_2	b_1	b_2	n_1	n_2	$m_{1\,min}$	$m_{2\,min}$	größte Axialkraft[1] in kN	
					(h11)		≈	≈	(H13)				(Welle)	(Bohrung)
10	9,6		10,4				1,8	1,4			0,6	0,6	1,5	1,6
12	11,5	h11	12,5	H11	1		1,8	1,7	1,1		0,75	0,75	2,3	2,4
15	14,3		15,7			1	2,2	2		1,1	1,1	1,1	4	4,2
20	19		21		1,2		2,6	2,3	1,3		1,5	1,5	7,7	7,8
25	23,9		26,2			1,2	3	2,7		1,3	1,7	1,8	10,6	12
30	28,6		31,4		1,5		3,5	3	1,6		2,1	2,1	16,2	13,7
35	33		37			1,5	3,9	3,4		1,6	3	3	26,7	26,9
40	37,5		42,5		1,75	1,75	4,4	3,9	1,85	1,85	3,8	3,8	38,1	40,5
45	42,5		47,5				4,7	4,3					43	43,1
50	47		53				5,1	4,6					57	60,7
55	52	h12	58	H12	2	2	5,4	5	2,15	2,15			63	63,5
60	57		63				5,8	5,4			4,5	4,5	69	62,1
65	62		68				6,3	5,8					75	78,2
70	67		73		2,5	2,5	6,6	6,2	2,65	2,65			80,5	84,2
75	72		78				7	6,6					86	90
80	76,5		83,5				7,4	7					107	112
90	86,5		93,5		3	3	8,2	7,6	3,15	3,15	5,3	5,3	121	126
100	96,5		103,5				9	8,4					135	140
110	106		114				9,6	9					170	176
120	116		124				10,2	9,7			6	6	185	192
140	136	h13	144	H13	4	4	11,2	10,7	4,15	4,15			217	223
160	155		165				12,2	11,6					310	319
180	175		185				13,5	13,2			7,5	7,5	345	345
200	195		205				14	14					319	325

[1] für schwellende Belastung (ohne Sicherheit), scharfkantig anliegendem Bauteil und Wellen- oder Bohrungswerkstoff mit $R_e \geq 300$ N/mm^2

Maße für kegelige Wellenenden mit Außengewinde

Bezeichnung eines langen kegeligen Wellenendes mit Passfeder und Durchmesser d_1 = 40 mm; l_2 = 82 mm; l_3 = 28 mm; $l_1 = l_2 + l_3$ = 110 mm:

Wellenende 40 × 110 DIN 1448

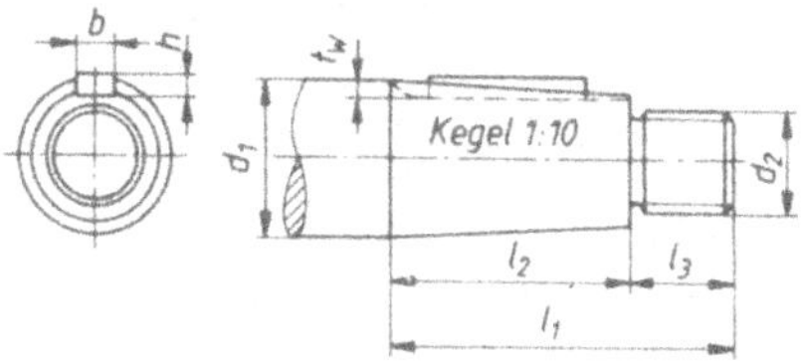

Maße in mm

Durchmesser d_1		6	7	8	9	10	11	12	14	16	19	20	22	24	25	28
Kegel-länge l_2	lang	10		12		15		18		28		36			42	
	kurz	–		–		–		–		16		22			24	
Gewindelänge l_3		6		8		8		12				14			18	
Gewinde d_2		M4		M6				M8 × 1		M10 × 1,25		M12 × 1,5			M16 × 1,5	
Passfeder	b × h	–					2 × 2		3 × 3		4 × 4			5 × 5		
Nut-tiefe t_w	lang	–					1,6	1,7	2,3	2,5	3,2	3,4		3,9	4,1	
	kurz	–					–	–	–	2,2	2,9	3,1		3,6	3,6	
Durchmesser d_1		**30**	**32**	**35**	**38**	**40**	**42**	**45**	**48**	**50**	**55**	**60**	**65**	**70**	**75**	**80**
Kegel-länge l_2	lang	58				82						105				130
	kurz	36				54						70				90
Gewindelänge l_3		22				28						35				40
Gewinde d_2		M20 × 1,5			M24 × 2			M30 × 2		M36 × 3		M42 × 3		M48 × 3		M56 × 4
Passfeder	b × h	5 × 5	6 × 6			10 × 8		M12 × 8			14 × 9	16 × 10		18 × 11		20 × 12
Nut-tiefe t_w	lang	4,5	5			7,1					7,6	8,6		9,6		10,8
	kurz	3,9	4,4			6,4					6,9	7,8		8,8		9,8

Wälzlagerpassungen, Richtwerte

Belastung		Beispiele	Lagerbauform Wellendurchmesser in mm		Toleranz für Welle	Toleranz für Gehäusebohrung
			Kugellager	Rollenlager		
Umfangslast für Innenring oder unbestimmte Lastrichtung, Punktlast für Außenring	niedrig (P ≤ 0,1 C)	Geräte, kleine Werkzeugmaschinen, Pumpen, Ventilatoren	≤ 40 > 40 ... 100 > 100 ... 200	≤ 60 > 60 ... 200 > 200 ... 500	j5, k5 j6 k6 m6	H7, H8 [1)]
	normal bis hoch	allgemeiner Maschinenbau, Elektromotoren, Verbrennungsmotoren, Zahnrädergetriebe, Pumpen, Turbinen, Werkzeugmaschinen	≤ 40 > 40 ... 100 > 100 ... 200	≤ 40 > 60 ... 200 > 200 ... 500 > 500	j5 k5, k6 m5, m6 n6, p6 r6, r7	H7, H8 [1)] M6, N6[2)]
	hoch, stoßartig	Achslager für Lokomotiven und schwere Schienenfahrzeuge		≤ 100 > 100 ... 160 > 160	n6 p6 r6, r7	J7[1)] M6, N6 [2)]
Punktlast f. Innenring, Umfanglast für Außenring	niedrig	Lager in Seil- und Förderrollen	alle Durchmesser		g6, h6 [3)]	M7
	normal bis hoch	Kfz-Räder, Kranlaufräder, größere Seilrollen				N7
	hoch, stoßartig	schwere Laufräder, Pleuellager				P7

1) Außenring verschiebbar. 2) Außenring nicht verschiebbar. 3) Innenring verschiebbar

Nabenverbindungen

Zylindrische Pressverbände

Normen (Auswahl)

DIN 7190 Berechnung und Anwendung von Pressverbänden

Begriffe an Pressverbänden

Pressverband	ist eine kraftschlüssige (reibschlüssige) Nabenverbindung ohne zusätzliche Bauteile wie Passfedern und Keile. Außenteil (Nabe) und Innenteil (Welle) erhalten eine *Press*passung, sie haben also vor dem Fügen immer ein Übermaß *U*. Nach dem Fügen stehen sie unter einer Normalspannung δ mit der Fugenpressung p_F in der Fuge.
Presspassung	ist eine Passung, bei der stets ein Übermaß *U* vorhanden ist. Das Größtmaß der Bohrung G_B ist also stets kleiner als das Kleinstmaß der Welle K_W ($G_B < K_W$). Zur Presspassung zählt auch der Fall $U_k = 0$ (Kleinstübermaß gleich null).
Herstellen von Pressverbänden (Fügeart)	durch Einpressen (Längseinpressen des Innenteils): Längspressverband durch Erwärmen des Außenteils (Schrumpfen des Außenteils) durch Unterkühlen des Innenteils (Dehnen des Innenteils) durch hydraulisches Fügen und Lösen (Dehnen des Außenteils) } Querpressverbände
Durchmesserbezeichnungen und Fugenlänge l_F	d_F Fugendurchmesser (ungefähr gleich dem Nenndurchmesser der Passung) d_{Ii} Innendurchmesser des Innenteils *I* (Welle) d_{Ia} Außendurchmesser des Innenteils *I*, $d_{Ia} \approx d_F$ d_{Ai} Innendurchmesser des Außenteils *A* (Nabe), $d_{Ai} \approx d_F$ d_{Aa} Außendurchmesser des Außenteils *A* l_F Fugenlänge ($l_F < 1{,}5\ d_F$) 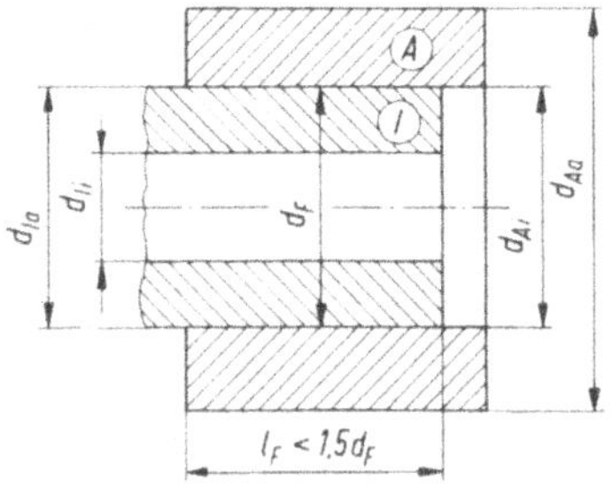
Durchmesserverhältnis *Q*	$Q_A = \frac{d_F}{d_{Aa}} < 1$ $\qquad Q_I = \frac{d_{Ii}}{d_F} < 1$
Übermaß *U*	ist die Differenz des Außendurchmessers des Innenteils *I* und des Innendurchmessers des Außenteils *A*: $U = d_{Ia} - d_{Ai}$
Glättung *G*	ist der Übermaßverlust ΔU = G, der beim Fügen durch Glätten der Fügeflächen auftritt: $G \approx 0{,}8\ (R_{zAi} + R_{zIa})$ $\quad R_z$ gemittelte Rautiefe nach DIN 4768 Teil 1

wirksames Übermaß Z (Haftmaß)

ist das um $G = \Delta U$ verringerte Übermaß, also das Übermaß nach dem Fügen:

$Z = U - G$

Fugenpressung p_F

ist die nach dem Fügen in der Fuge auftretende Flächenpressung.

Fasenlänge l_e und Fasenwinkel φ

$l_e = \sqrt[3]{d_F}$

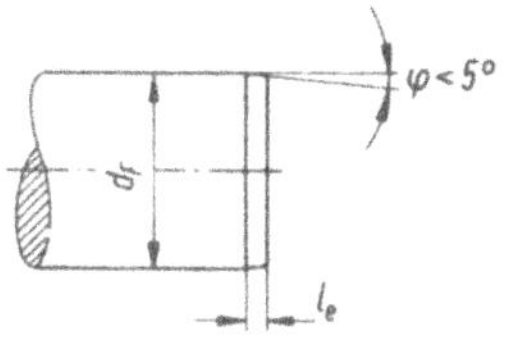

Berechnen von Pressverbänden

erforderliche Fugenpressung p_F (Pressungsgleichung) und zulässige Flächenpressung p_{zul}

$$p \geq \frac{2M}{\pi d_F^2 l_F \mu} \leq p_{zul}$$

p	M	d_F, l_F	μ	P	n
$\frac{N}{mm^2}$	Nmm	mm	1	kW	min^{-1}

Anhaltswerte für p_{zul}:

Belastung	Stahl	Gusseisen
ruhend und schwellend	$p_{zul} = \frac{R_e}{1,5}$	$p_{zul} = \frac{R_m}{3}$
wechselnd und stoßartig	$p_{zul} = \frac{R_e}{2,5}$	$p_{zul} = \frac{R_m}{4}$

R_e (oder $R_{p0,2}$) sowie R_m siehe Festigkeitslehre

M Wellendrehmoment; $M = 9,55 \cdot 10^6\ P/n$
d_F Fugendurchmesser
l_F Fugenlänge
μ Haftbeiwert
p_{zul} zulässige Flächenpressung

Haftbeiwert μ und Rutschbeiwert μ_e (Mittelwerte)

Der Rutschbeiwert μ_e wird zur Berechnung der Einpresskraft F_e gebraucht

Längspressverband

Werkstoffe Welle/Nabe	Haftwert μ (Rutschbeiwert μ_e) trocken	geschmiert
Stahl/Stahl Stahl/Stahlguss	0,1 (0,1)	0,08 (0,06)
Stahl/Gusseisen	0,12 (0,1)	0,06
Stahl/G-AlSi12	0,07 (0,03)	0,05

Querpressverband

Werkstoffe, Fügeart, Schmierung		Haftbeiwert μ
Stahl/Stahl	hydraulisches Fügen, Mineralöl	0,12
Stahl/Stahl	hydraulisches Fügen, entfettete Pressflächen, Glyzerin aufgetragen	0,18
Stahl/Stahl	Schrumpfen des Außenteils	0,14
Stahl/Gusseisen	hydraulisches Fügen, Mineralöl	0,1
Stahl/Gusseisen	hydraulisches Fügen, entfettete Pressflächen	0,16

Nabenverbindungen

Herleitung der Pressungsgleichung

Normalkraft $F_N = p_F A_F = p_F \pi d_F l_F$

Fugenfläche $A_F = \pi d_F l_F$

Haftkraft $F_H = F_N \mu = p_F \pi d_F l_F \mu$

Haftmoment $M_H = F_H \frac{d_F}{2} = \frac{\pi}{2} p_F d_F^2 l_F \mu \geq M$

$$p_F \geq \frac{2M}{\pi d_F^2 l_F \mu}$$

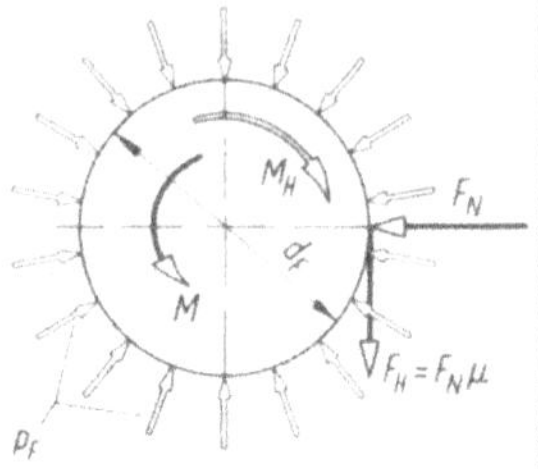

Formänderungs-Hauptgleichung

$$Z = p_F d_F \left[\frac{1}{E_A} \left(\frac{1 + Q_A^2}{1 - Q_A^2} + \upsilon_A \right) + \frac{1}{E_I} \left(\frac{1 + Q_I^2}{1 - Q_I^2} - \upsilon_I \right) \right]$$

Z, d_F	p_F, E_A, E_I	Q_A, Q_I, ν_A, ν_I
mm	$\frac{N}{mm^2}$	1

Z wirksames Übermaß nach dem Fügen (auch Haftmaß genannt)

p_F Fugenpressung (Flächenpressung in den Fügeflächen)

l_F Fugenlänge

E_A, E_i Elastizitätsmodul des Außenteils A (Nabe) und des Innenteils I (Welle)

ν_A, ν_I Querdehnzahl des Außenteils A (Nabe) und des Innenteils I (Welle)

Q_A, Q_I Durchmesserverhältnis: $Q_A = \frac{d_F}{d_{Aa}} < 1$ $\quad Q_I = \frac{d_{Ii}}{d_F} < 1$

Elastizitätsmodul E und Querdehnzahl ν (Mittelwerte)

Werkstoff	Elastizitätsmodul E $\frac{N}{mm^2}$	Querdrehzahl ν Einheit 1
E335	210 000	0,3
GJL-200	105 000	0,25
GGJL-250	150 000	0,28
Bronze, Rotguss	80 000	0,35
Al-Legierungen	70 000	0,33

Formänderungsgleichung für Vollwelle ($Q_I = 0$)

$$Z = p_F d_F \left[\frac{1}{E_A} \left(\frac{1 + Q_A^2}{1 - Q_A^2} + \upsilon_A \right) + \frac{1}{E_I} (1 - \upsilon_I) \right]$$

Z, d_F	p_F, E_A, E_I	Q_A, ν_A, ν_I
mm	$\frac{N}{mm^2}$	1

<table>
<tr><td>Formänderungsgleichung für Vollwelle und gleich elastische Werkstoffe
($E_A = E_I = E$)</td><td>$$Z = \frac{2\,p_F d_F}{E(1 - Q_A^2)}$$<table><tr><th>Z, d_F</th><th>p_F, E</th><th>Q_A</th></tr><tr><td>mm</td><td>$\frac{N}{mm^2}$</td><td>1</td></tr></table></td></tr>
<tr><td>Übermaß U</td><td>$U \quad = \quad Z \quad + \quad G$
<table><tr><td>gemessenes Übermaß vor dem Fügen</td><td>=</td><td>wirksames Übermaß (Haftmaß)</td><td>+</td><td>Glättung (Übermaßverlust ΔU beim Fügen der Teile)</td></tr></table></td></tr>
<tr><td>Glättung G</td><td>$G = 0{,}8\,(R_{zAi} + R_{zIa})$ R_z gemittelte Rautiefe nach DIN 4768 Teil 1

Beispiele für G (Mittelwerte):
polierte Oberfläche $G = 0{,}002$ mm = 2 µm
feingeschliffene Oberfläche $G = 0{,}005$ mm = 5 µm
feingedrehte Oberfläche $G = 0{,}010$ mm = 10 µm</td></tr>
<tr><td>Einpresskraft F_e</td><td>$F_e = p_{Fg}\,\pi\,d_F\,l_F\,\mu_e$

p_{Fg} größte vorhandene Fugenpressung
d_F Fugendurchmesser
l_F Fugenlänge
μ_e Rutschbeiwert

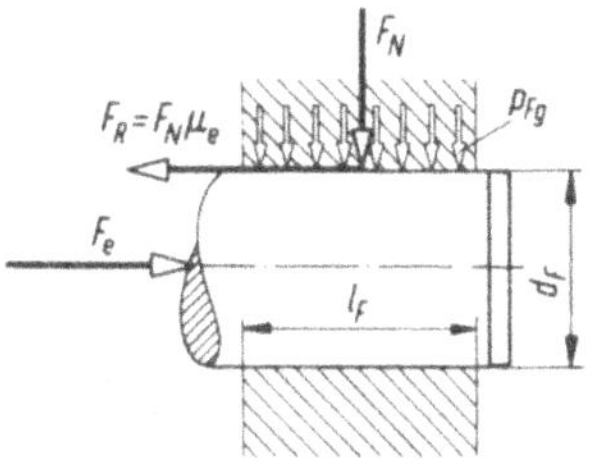

Herleitung:
$F_R = F_N\,\mu_e\,; \quad F_N = p_{Fg}\,A_F$
$A_F = \pi\,d_F\,l_F$
$F_e = F_R = p_{Fg}\,\pi\,d_F\,l_F\,\mu_e$</td></tr>
<tr><td>Spannungsverteilung im Pressverband (Spannungsbild)</td><td>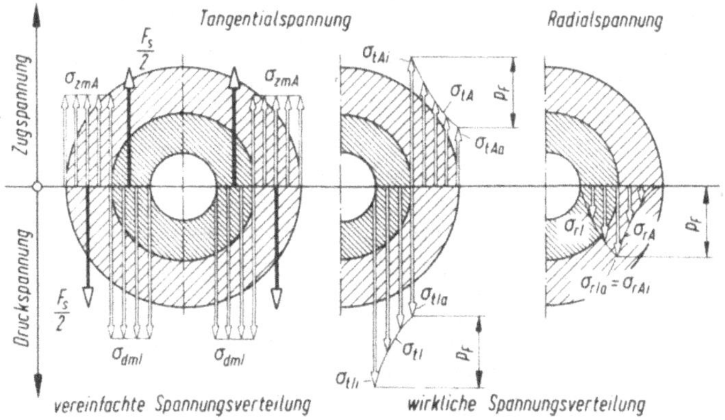

σ_{zmA} mittlere tangentiale Zugspannung im Außenteil
σ_{dmI} mittlere tangentiale Druckspannung im Innenteil
F_S Nabensprengkraft
σ_{tA} Tangentialspannung im Außenteil σ_{rA} Radialspannung im Außenteil
σ_{tI} Tangentialspannung im Innenteil σ_{rI} Radialspannung im Inntenteil
Für Überschlagsrechnungen kann man sich die Tangentialspannungen σ_{tA} und σ_{tI} gleichmäßig verteilt vorstellen (σ_{zmA} und σ_{dmI}).</td></tr>
</table>

Nabenverbindungen

Spannungsgleichungen (siehe Spannungsbild)

Tangentialspannung σ_t		Radialspannung σ_r	
Außenteil	Innenteil	Außenteil	Innenteil
$\sigma_{tAi} = p_F \frac{1+Q_A^2}{1-Q_A^2}$	$\sigma_{tIi} = p_F \frac{2}{1-Q_I^2}$	$\sigma_{rAi} = p_F$	$\sigma_{rIi} = 0$
$\sigma_{tAa} = p_F \frac{2Q_A^2}{1-Q_A^2}$	$\sigma_{tIi} = p_F \frac{1+Q_A^2}{1-Q_I^2}$	$\sigma_{rAa} = 0$	$\sigma_{rIa} = p_F$

mittlere tangentiale Zugspannung σ_{zmA} im Außenteil (siehe Spannungsbild)

$$\sigma_{zmA} = \frac{F_S}{A_{Nabe}} = \frac{p_F d_F l_F}{(d_{Aa} - d_{Ai}) l_F}$$

$$\sigma_{zmA} = \frac{p_F d_F}{d_{Aa} - d_{Ai}} \approx \frac{p_F d_F}{d_{Aa} - d_F}$$

σ_{zmA}, p_F	d_F, d_{Aa}
$\frac{N}{mm^2}$	mm

Nabensprengkraft F_S

$$F_S = p_F\, d_F\, l_F$$

mittlere tangentiale Druckspannung σ_{dmI} im Innenteil (siehe Spannungsbild)

$$\sigma_{dmI} = \frac{F_S}{A_{Welle}} = \frac{p_F d_F l_F}{(d_F - d_{Ii}) l_F}$$

$$\sigma_{dmI} = \frac{p_F d_F}{d_F - d_{Ii}}$$

Für die *Voll*welle gilt mit $d_{Ii} = 0$:

$$\sigma_{dmI} = \frac{p_F d_F}{d_F - 0} = p_F$$

Fügetemperaturdifferenz Δt in °C für Schrumpfen

$$\Delta t = \frac{U_g + S}{\alpha d_F}$$

$$S \geq \frac{d_F}{1000}$$

U_g Größtübermaß in mm
S erforderliches Fügespiel in mm
α Längenausdehnungskoeffizient des Werkstoffes:

$$\alpha_{Stahl} = 11 \cdot 10^{-6} \frac{1}{°C}$$

$$\alpha_{Gusseisen} = 9 \cdot 10^{-6} \frac{1}{°C}$$

Herleitung der Gleichung:

Mit dem Längenausdehnungskoeffizienten α in m/(m · °C) = 1/°C beträgt die Verlängerung Δl eines Metallstabes der Ursprungslänge l_0 bei seiner Erwärmung um die Temperaturdifferenz Δt:

$$\Delta l = \alpha\, \Delta t\, l_0$$

Für das Außenteil (Nabe) eines Pressverbandes ist $\Delta l = U_g + S$ und $l_0 = d_F$. Damit wird analog zu $\Delta l = \alpha\, \Delta t\, l_0$:

$$U_g + S = \alpha\, \Delta t\, d_F$$

und daraus die obige Gleichung für Δt.

Arbeitsdiagramm für Pressverbände mit Vollwelle aus Stahl

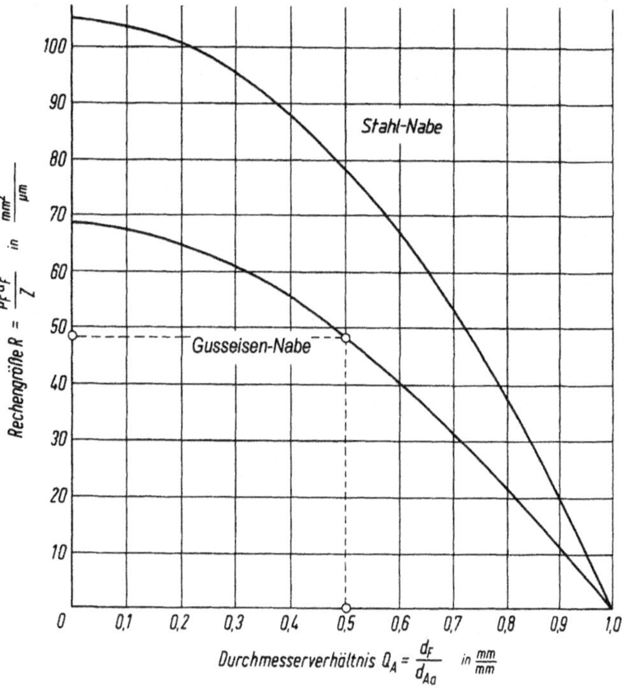

Das Arbeitsdiagramm zeigt den Graphen der Formänderungsgleichungen in der Form $p_F d_F / Z = f(Q_A)$. Das Schaubild gilt also für den häufigsten Fall eines Pressverbandes mit Vollwelle. Die obere Kurve für die Stahlnabe wurde mit E_A = 210000 N/mm² und ν_A = 0,3 gezeichnet, die untere für die Gusseisennabe mit E_A = 105 000 N/mm² (etwa GJL-200) und ν_A = 0,25.

Für andere Wellen- und Nabenwerkstoffe können solche Arbeitsdiagramme leicht konstruiert werden, auch für den allgemeinsten Fall.

Ablesebeispiel:

Für einen zylindrischen Pressverband sind die folgenden Daten gegeben:

Fugendurchmesser	d_F = 80 mm
Nabendurchmesser	d_{Aa} = 160 mm
Werkstoff der Welle	E295
Werkstoff der Nabe	GJL-200

Man berechnet das Durchmesserverhältnis Q_A:

$$Q_A = \frac{d_F}{d_{Aa}} = \frac{80\text{mm}}{160\text{mm}} = 0{,}5$$

Aus dem Arbeitsdiagramm kann nun mit Q_A = 0,5 über die Kurve für die Gusseisennabe die Rechengröße R abgelesen werden:

$$R = 48{,}5 \frac{\frac{\text{N}}{\text{mm}^2} \cdot \text{mm}}{\mu\text{m}}$$

Nabenverbindungen

Festlegen der Presspassung

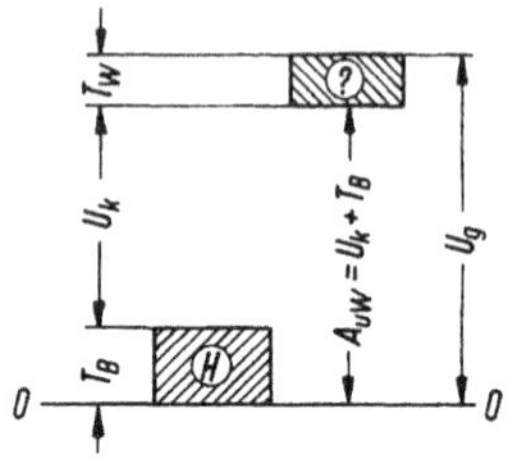

Bei Einzelfertigung kann man die Nabenbohrung ausführen und nach deren Istmaß die Welle für das errechnete Übermaß U fertigen. Bei Serienfertigung müssen größere Toleranzen zugelassen werden. Man muss also eine Presspassung festlegen.

Da sich kleinere Toleranzen bei Wellen leichter einhalten lassen als bei Bohrungen, wählt man zweckmäßig:

Bohrung H7 mit Wellen der Qualität 6
Bohrung H8 mit Wellen der Qualität 7 usw.

Hat man sich für ein Toleranzfeld für die Bohrung entschieden, zum Beispiel Bohrung H7, dann findet man das Toleranzfeld für die Welle folgendermaßen:

Man setzt das errechnete Übermaß gleich dem Kleinstübermaß U_k und addiert die Toleranz der Bohrung T_B. Damit hat man das vorläufige untere Abmaß, A_{uW} der Welle:

$A_{uW} = U_k + T_B$ $\qquad$ $U_k = U_{rechnerisch} = U$

Mit diesem Wert geht man in der Tafel in die Zeile für den vorliegenden Nennmaßbereich und wählt dort für die vorher festgelegte Qualität ein Toleranzfeld für die Welle, bei dem das angegebene untere Abmaß dem errechneten am nächsten kommt.

Beispiel:

Nennmaßbereich		35 mm
Toleranzfeld für die Bohrung		H7
Qualität für die Welle		6
Toleranz der Bohrung		$T_B = 25\ \mu m$
errechnetes Übermaß		$U = 60\ \mu m = U_k$
unteres Abmaß der Welle:	$A_{uW} = U_k + T_B = 60\ \mu m + 25\ \mu m = 85\ \mu m$	
Toleranzfeld der Welle:	x6 mit $A_{uW} = 80\ \mu m$ und $A_{oW} = 96\ \mu m$	

Damit können das Größtübermaß U_g und das Kleinstübermaß U_k berechnet werden:

$U_g = A_{uB} - A_{oW} = 0 - 96\ \mu m = -96\ \mu m$

$U_k = A_{oB} - A_{uW} = 25\ \mu m - 80\ \mu m = -55\mu m$

Keglige Pressverbände (Kegelsitzverbindungen)

Nonnen (Auswahl)

DIN 254	Kegel
DIN 1448, 1449	Kegelige Wellenenden
DIN 7178	Kegeltoleranz- und Kegelpasssystem
ISO 3040	Eintragung von Maßen und Toleranzen für Kegel

Begriffe am Kegel

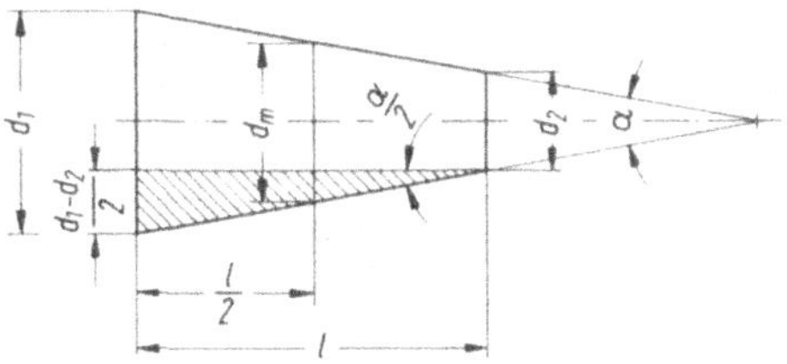

d_1, d_2	Kegeldurchmesser
$d_m = \frac{d_1 + d_2}{2}$	mittlerer Kegeldurchmesser
l	Kegellänge
α	Kegelwinkel
$\frac{\alpha}{2}$	Einstellwinkel zum Fertigen und Prüfen des Kegels

Kegel im technischen Sinne sind kegelige Werkstücke mit Kreisquerschnitt (spitze Kegel und Kegelstümpfe).

Bezeichnung eines Kegels mit dem Kegelwinkel $\alpha = 30°$: Kegel 30°
Bezeichnung eines Kegels mit dem Kegelverhältnis $C = 1{:}10$: Kegel 1:10

Kegelverhältnis C

$$C = \frac{d_1 - d_2}{l}$$

$$C = 1 : x = \frac{1}{x}$$

Das Kegelverhältnis C wird in der Form $C = 1 : x$ angegeben, zum Beispiel $C = 1{:}5$.

$$d_2 = d_1 - Cl$$

Kegelwinkel α und Einstellwinkel $\alpha/2$

Aus dem schraffierten rechtwinkligen Dreieck lässt sich ablesen:

$$\tan\frac{\alpha}{2} = \frac{d_1 - d_2}{2l} \Rightarrow C = 2\tan\frac{\alpha}{2}$$

$$\frac{\alpha}{2} = \arctan\frac{C}{2}$$

$$\alpha = 2\arctan\frac{C}{2}$$

$$d_2 = d_1 - 2l\tan\frac{\alpha}{2}$$

Nabenverbindungen

Berechnungsbeispiel

Gegeben: Kegeldurchmesser $d_1 = 30$ mm
Kegel 1:10
Kegellänge $l = 25$ mm

Gesucht: Einstellwinkel $\alpha/2$ und Kegeldurchmesser d_2

Lösung:

$$\frac{\alpha}{2} = \arctan\frac{C}{2}; \quad C = 1:10 = \frac{1}{10}$$

$$\frac{\alpha}{2} = \arctan\frac{1}{2 \cdot 10} = 2{,}8624\ldots^\circ = 2^\circ 51' 45''$$

$$d_2 = d_1 - 2l\tan\frac{\alpha}{2} = d_1 - 2l\frac{C}{2} = 30\ \text{mm} - 2 \cdot 25\ \text{mm} \cdot \frac{1}{2 \cdot 10}$$

$d_2 = 27{,}5$ mm

oder einfacher:

$d_2 = d_1 - C\,l$

$$d_2 = 30\ \text{mm} - \frac{1}{10} \cdot 25\ \text{mm}$$

$d_2 = 27{,}5$ mm

Probe:

$$\frac{\alpha}{2} \arctan\frac{\alpha}{2} = \arctan\frac{d_1 - d_2}{2l} = \arctan\frac{30\ \text{mm} - 27{,}5\ \text{mm}}{2 \cdot 25\ \text{mm}}$$

$$\frac{\alpha}{2} = 2{,}8624\ldots^\circ = 2{,}51'45''\ \text{(wie oben)}$$

Vorzugswerte für Kegel

Kegelverhältnis C = 1 : x	Kegelwinkel α	Einstellwinkel α/2
1 : 0,2886751	120°	60°
1 : 0,5	90°	45°
1 : 1,8660254	30°	15°
1 : 3	18°55'29" ≈ 18,925°	9°27'44"
1 : 5	11°25'16" ≈ 11,421°	5°42'38"
1 : 10	5°43'29" ≈ 5,725°	2°51'45"
1 : 20	2°51'51" ≈ 2,864°	1°25'56"
1 : 50	1° 8'45" ≈ 1,146°	34'23"
1 : 100	34'22" ≈ 0,573°	17'11"

Werkzeugkegel und die Aufnahmekegel an Werkzeugmaschinenspindeln, die sogenannten Morsekegel (DIN 228), heben ein Kegelverhältnis von ungefähr 1: 20.

erforderliche Einpresskraft F_e

$$F_e = \frac{2M}{d_m \mu_e} \cdot \sin\left(\frac{\alpha}{2} + \rho_e\right)$$

$$M = 9{,}55 \cdot 10^6 \frac{P}{n}$$

F_e	M	d_m, l_F	μ_e	P	n	p
N	Nmm	mm	1	kW	min^{-1}	$\frac{\text{N}}{\text{mm}^2}$

vorhandene Fugenpressung p_F

$$p_F = \frac{2M\cos(\alpha/2)}{\pi\,\mu_e\,d_m^2\,l_F} \le p_{zul}$$

Einpresskraft F_e für eine bestimmte Fugenpressung p_F

$$F_e = \pi p_F d_m l_F \cdot \sin\left(\frac{\alpha}{2} + \rho_e\right)$$

M Drehmoment
P Wellenleistung
n Drehzahl
$\alpha/2$ Einstellwinkel
ρ_e Reibwinkel aus $\tan\rho_e = \mu_e$
$\mu_e = \arctan\mu_e$
μ_e Rutschbeiwert
d_m mittlerer Kegeldurchmesser
l_F Fugenlänge
p_{zul} zulässige Flächenpressung

Allgemeine Beziehungen zur Wälzlagerbestimmung[1)]

dynamisch äquivalente Lagerbelastung P und dynamische Kennzahl f_L (Lebensdauerfaktor f_L)

$P = X\,F_r + Y\,F_a$ (allgemein für Radiallager)

F_r Radialkraft
F_a Axialkraft
X Radialfaktor
Y Axialfaktor

Radiallager bei $F_a = 0$: $P = F_r$
Axiallager bei $F_r = 0$: $P = F_a$

für Axial-Rillenkugellager und Axial-Pendelrollenlager

$P = F_a + 1{,}2\;F_r$ für $F_r \leq 0{,}55\;F_a$
(allgemein für Axial-Pendelrollenlager)

$$f_L = \frac{C}{P}\,f_n$$

C dynamische Tragzahl
f_n Drehzahlfaktor

Mit dem f_L-Wert ermittelt man die nominelle Lebensdauer L_h in Stunden. L_h muss bei Betriebstemperaturen von über 150 °C mit dem Faktor f_t verkleinert werden.

Betriebs-temeratur t	Temperatur-faktor f_t
150 °C	1
200 °C	0,73
250 °C	0,42
300 °C	0,22

dynamisch äquivalente Lagerbelastung P_0 und dynamische Kennzahl f_s

$P_0 = X_0\,F_r + Y_0\,F_a$
(allgemein für Radiallager)

F_r Radialkraft
F_a Axialkraft
X Radialfaktor
Y_0 Axialfaktor

Radiallager bei $F_a = 0$: $P_0 = F_r$
Axiallager bei $F_r = 0$: $P_0 = F_a$

für Axial-Rillenkugellager und Axial-Pendelrollenlager

$P_0 = F_a + 2{,}75\;F_r$ für Axial-Pendelrollenlager, wenn $F_r \leq 0{,}55\;F_a$

$$f_s = \frac{C_0}{P_0}$$

C_0 statische Tragzahl

Richtwerte für f_s:
f_s = 1,5... 2,5 für hohe
f_s = 1 ... 1,5 für normale
f_s = 0,7 ... 1 für geringe
} Ansprüche an Leichtgängigkeit und Laufruhe

[1)] Sämtliche Angaben in den folgenden Tafeln zur Wälzlagerbestimmung wurden mit Genehmigung der FAG Kugelfischer Georg Schäfer & Co., 8720 Schweinfurt 2, dem Katalog FAG Standardprogramm Supplement 41 ST 500 D entnommen.

Wälzlager

Rillenkugellager. äquivalente Belastung und Einbaumaße

dynamisch äquivalente Lagerbelastung P

$$P = X\,F_r + Y\,F_a$$

für einreihige und zweireihige Rillenkugellager

F_r Radialkraft
F_a Axialkraft
X Radialfaktor
Y Axialfaktor

statisch äquivalente Lagerbelastung P_0

$$P_0 = F_r \quad \text{für } \frac{F_a}{F_r} \leq 0{,}8$$

$$P_0 = 0{,}6 \cdot F_r + 0{,}5 \cdot F_a \quad \text{für } \frac{F_a}{F_r} > 0{,}8$$

für einreihige und zweireihige Rillenkugellager

Radial- und Axialfaktoren X und Y für Rillenkugellager (für normale Lagerluft)

$\frac{F_a}{C_0}$	e	$\frac{F_a}{F_r} \leq e$		$\frac{F_a}{F_r} > e$	
		X	Y	X	Y
0,025	0,22	1	0	0,56	2
0,04	0,24	1	0	0,56	1,8
0,07	0,27	1	0	0,56	1,6
0,13	0,31	1	0	0,56	1,4
0,25	0,37	1	0	0,56	1,2
0,5	0,44	1	0	0,56	1

Die statische Tragzahl C_0 wird der Tafel für Rillenkugellager entnommen.

Einbaumaße in mm (Kantenabstände nach DIN 620,Teil 6, Rundungen und Schulterhöhen nach DIN 5418)

Kantenabstand $r_{s\,min}$	Hohlkehlenradius $r_{g\,max}$	Schulterhöhe h_{min} Lagereihe	
		618	62
		160	63
		161	42
		60	43
0,15	0,15	0,4	0,7
0,2	0,2	0,7	0,9
0,3	0,3	1	1,2
0,6	0,6	1,6	2,1
1	1	2,3	2,8
1,1	1	3	3,5
1,5	1,5	3,5	4,5
2	2	4,4	5,5
2,1	2,1	5,1	6
3	2,5	6,2	7
4	3	7,3	8,5
5	4	9	10

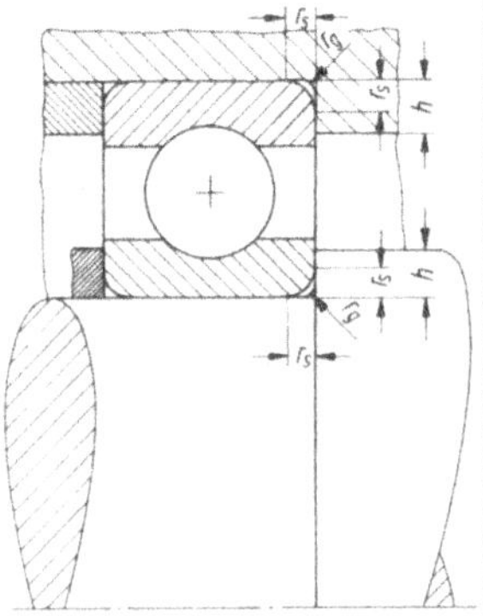

Richtwerte für die dynamische Kennzahl f_L (Lebensdauerfaktor)

Einbaustelle	anzustrebender f_L-Wert	Einbaustelle	anzustrebender f_L-Wert
Kraftfahrzeuge		**Werkzeugmaschinen**	
Motorräder	0,9 ... 1,6	Drehspindeln, Frässpindeln	3 ... 4,5
Leichte Personenwagen	1,4 ... 1,8	Bohrspindeln	3 ... 4
Schwere Personenwagen	1 ... 1,6	Schleifspindeln	2,5 ... 3,5
Leichte Lastwagen	1,8 ... 2,4	Werkstückspindeln von	3,5 ... 5
Schwere Lastwagen	2 ... 3	Schleifmaschinen	
Omnibusse	1,8 ... 2,8	Werkzeugmaschinengetriebe	3 ... 4
Verbrennungsmotor	1,2 ... 2	Pressen/Schwungrad	3,4 ... 4
		Pressen/Exzenterwelle	3 ... 3,5
Schienenfahrzeuge		Elektrowerkzeuge und Druckluft-	2 ... 3
Achslager von		werkzeuge	
Förderwagen	2,5 ... 3,5		
Straßenbahnwagen	3,5 ... 4	**Holzbearbeitungsmaschinen**	
Reisezugwagen	3 ... 3,5	Frässpindeln und Messerwellen	3... 4
Güterwagen	3 ... 3,5	Sägegatter/Hauptlager	3,5 ...4
Abraumwagen	3 ... 3,5	Sägegatter/Pleuellager	2,5... 3
Triebwagen	3,5 ... 4		
Lokomotiven/Außenlager	3,5 ... 4	**Getriebe im Allg. Maschinenbau**	
Lokomotiven/Innenlager	4,5 ... 5	Universalgetriebe	2 ... 3
Getriebe von Schienenfahrzeugen	3 ... 4,5	Getriebemotoren	2 ... 3
		Großgetriebe, stationär	3 ... 4,5
Schiffbau			
Schiffsdrucklager	3 ... 4	**Fördertechnik**	
Schiffswellentraglager	4 ...6	Bandantriebe/Tagebau	4,5 ... 5,5
Große Schiffsgetriebe	2,5 ... 3,5	Förderbandrollen/Tagebau	4,5 ... 5
Kleine Schiffsgetriebe	2 ... 3	Förderbandrollen/allgemein	2,5 ... 3,5
Bootsantriebe	1,5 ... 2,5	Bandtrommeln	4 ... 4,5
		Schaufelradbagger/Fahrantrieb	2,5 ... 3,5
Landmaschinen		Schaufelradbagger/Schaufelrad	4,5 ... 6
Ackerschlepper	1,5... 2	Schaufelradbagger/Schaufelradantrieb	4,5 ... 5,5
selbstfahrende Arbeitsmaschinen	1,5... 2	Förderseilscheiben	4 ... 4,5
Saisonmaschinen	1 ... 1,5		
		Pumpen, Gebläse, Kompressoren	
Baumaschinen		Ventilatoren, Gebläse	3,5 ... 4,5
Planierraupen, Lader	2 ... 2,5	Kreiselpumpen	4 ... 5
Bagger/ Fahrwerk	1 ... 1,5	Hydraulik-Axialkolbenmaschinen und	1...2,5
Bagger/Drehwerk	1,5 ... 2	Hydraulik-Radialkolbenmaschinen	1 ... 2,5
Vibrations-Straßenwalzen, Unwuchterreger	1,5 ... 2,5	Zahnradpumpen	
Rüttlerflaschen	1 ... 1,5	Verdichter, Kompressoren	2 ... 3,5
Elektromotoren		**Brecher, Mühlen, Siebe u.a.**	
E-Motoren für Haushaltsgeräte	1,5 ... 2	Backenbrecher	3 ... 3,5
Serienmotoren	3,5 ... 4,5	Kreiselbrecher, Walzenbrecher	3 ... 3,5
Großmotoren	4 ... 5	Schlägermühlen	3,5 ... 4,5
Elektrische Fahrmotoren	3 ... 3,5	Hammermühlen	3,5 ... 4,5
		Prallmühlen	3,5 ... 4,5
Walzwerke, Hütteneinrichtungen		Rohrmühlen	4 ... 5
Walzgerüste	1 ... 3	Schwingmühlen	2 ... 3
Walzwerksgetriebe	3 ... 4	Mahlbahnmühlen	4 ... 5
Rollgänge	2,5 ... 3,5	Schwingsiebe	2,5 ... 3
Schleudergießmaschinen	3,5 ... 4,5		

Wälzlager

Lebensdauer L_h, Lebensdauerfaktor f_L und Drehzahlfaktor f_n für Kugellager

f_L -Werte für Kugellager

L_h h	f_L	L_h h	f_L	L_h h	f_L	L_h h	f_L	L_h h	f_L
100	0,585	420	0,944	1700	1,5	6500	2,35	28000	3,83
110	0,604	440	0,958	1800	1,53	7000	2,41	30000	3,91
120	0,621	460	0,973	1900	1,56	7500	2,47	32000	4
130	0,638	480	0,986	2000	1,59	8000	2,52	34000	4,08
140	0,654	500	1	2200	1,64	8500	2,57	36000	4,16
150	0,669	550	1,03	2400	1,69	9000	2,62	38000	4,24
160	0,684	600	1,06	2600	1,73	9500	2,67	40000	4,31
170	0,698	650	1,09	2800	1,78	10000	2,71	42000	4,38
180	0,711	700	1,12	3000	1,82	11000	2,8	44000	4,45
190	0,724	750	1,14	3200	1,86	12000	2,88	46000	4,51
200	0,737	800	1,17	3400	1,89	13000	2,96	48000	4,58
220	0,761	850	1,19	3600	1,93	14000	3,04	50000	4,64
240	0,783	900	1,22	3800	1,97	15000	3,11	55000	4,79
260	0,804	950	1,24	4000	2	16000	3,17	60000	4,93
280	0,824	1000	1,26	4200	2,03	17000	3,24	65000	5,07
300	0,843	1100	1,3	4400	2,06	18000	3,3	70000	5,19
320	0,862	1200	1,34	4600	2,1	19000	3,36	75000	5,31
340	0,879	1300	1,38	4800	2,13	20000	3,42	80000	5,43
360	0,896	1400	1,41	5000	2,15	22000	3,53	85000	5,54
380	0,913	1500	1,44	5500	2,22	24000	3,63	90000	5,65
400	0,928	1600	1,47	6000	2,29	26000	3,73	100000	5,85

f_n -Werte für Kugellager

n min^{-1}	f_n	n min^{-1}	f_n	n min^{-1}	f_n	n min^{-1}	f_n	n min^{-1}	f_n
10	1,49	55	0,846	340	0,461	1800	0,265	9500	0,152
11	1,45	60	0,822	360	0,452	1900	0,26	10000	0,149
12	1,41	65	0,8	380	0,444	2000	0,255	11000	0,145
13	1,37	70	0,781	400	0,437	2200	0,247	12000	0,141
14	1,34	75	0,763	420	0,43	2400	0,24	13000	0,137
15	1,3	80	0,747	440	0,423	2600	0,234	14000	0,134
16	1,28	85	0,732	460	0,417	2800	0,228	15000	0,131
17	1,25	90	0,718	480	0,411	3000	0,223	16000	0,128
18	1,23	95	0,705	500	0,405	3200	0,218	17000	0,125
19	1,21	100	0,693	550	0,393	3400	0,214	18000	0,123
20	1,19	110	0,672	600	0,382	3600	0,21	19000	0,121
22	1,15	120	0,652	650	0,372	3800	0,206	20000	0,119
24	1,12	130	0,635	700	0,362	4000	0,203	22000	0,115
26	1,09	140	0,62	750	0,354	4200	0,199	24000	0,112
28	1,06	150	0,606	800	0,347	4400	0,196	26000	0,109
30	1,04	160	0,593	850	0,34	4600	0,194	28000	0,106
32	1,01	170	0,581	900	0,333	4800	0,191	30000	0,104
34	0,993	180	0,57	950	0,327	5000	0,188	32000	0,101
36	0,975	190	0,56	1000	0,322	5500	0,182	34000	0,0993
38	0,957	200	0,55	1100	0,312	6000	0,177	36000	0,0975
40	0,941	220	0,533	1200	0,303	6500	0,172	38000	0,0957
42	0,926	240	0,518	1300	0,295	7000	0,168	40000	0,0941
44	0,912	260	0,504	1400	0,288	7500	0,164	42000	0,0926
46	0,898	280	0,492	1500	0,281	8000	0,161	44000	0,0912
48	0,886	300	0,481	1600	0,275	8500	0,158	46000	0,0898
50	0,874	320	0,471	1700	0,27	9000	0,155	50000	0,0874

Lebensdauer L_h, Lebensdauerfaktor f_L und Drehzahlfaktor f_n für Rollenlager und Nadellager

f_L-Werte für Rollenlager und Nadellager

L_h h	f_L	L_h h	f_L	L_h h	f_L	L_h h	f_L	L_h h	f_L
100	0,617	420	0,949	1700	1,44	6500	2,16	28000	3,35
110	0,635	440	0,962	1800	1,47	7000	2,21	30000	3,42
120	0,652	460	0,975	1900	1,49	7500	2,25	32000	3,48
130	0,668	480	0,988	2000	1,52	8000	2,3	34000	3,55
140	0,683	500	1	2200	1,56	8500	2,34	36000	3,61
150	0,697	550	1,03	2400	1,6	9000	2,38	38000	3,67
160	0,71	600	1,06	2600	1,64	9500	2,42	40000	3,72
170	0,724	650	1,08	2800	1,68	10000	2,46	42000	3,78
180	0,736	700	1,11	3000	1,71	11000	2,53	44000	3,83
190	0,748	750	1,13	3200	1,75	12000	2,59	46000	3,88
200	0,76	800	1,15	3400	1,78	13000	2,66	48000	3,93
220	0,782	850	1,17	3600	1,81	14000	2,72	50000	3,98
240	0,802	900	1,19	3800	1,84	15000	2,77	55000	4,1
260	0,822	950	1,21	4000	1,87	16000	2,83	60000	4,2
280	0,84	1000	1,23	4200	1,89	17000	2,88	65000	4,31
300	0,858	1100	1,27	4400	1,92	18000	2,93	70000	4,4
320	0,875	1200	1,3	4600	1,95	19000	2,98	80000	4,58
340	0,891	1300	1,33	4800	1,97	20000	3,02	90000	4,75
360	0,906	1400	1,36	5000	2	22000	3,11	100000	4,9
380	0,921	1500	1,39	5500	2,05	24000	3,19	150000	5,54
400	0,935	1600	1,42	6000	2,11	26000	3,27	200000	6,03

f_n-Werte für Rollenlager und Nadellager

n min^{-1}	f_n	n min^{-1}	f_n	n min^{-1}	f_n	n min^{-1}	f_n	n min^{-1}	f_n
10	1,44	55	0,861	340	0,498	1800	0,302	9500	0,183
11	1,39	60	0,838	360	0,49	1900	0,297	10000	0,181
12	1,36	65	0,818	380	0,482	2000	0,293	11000	0,176
13	1,33	70	0,8	400	0,475	2200	0,285	12000	0,171
14	1,3	75	0,784	420	0,468	2400	0,277	13000	0,167
15	1,27	80	0,769	440	0,461	2600	0,271	14000	0,163
16	1,25	85	0,755	460	0,455	2800	0,265	15000	0,16
17	1,22	90	0,742	480	0,449	3000	0,259	16000	0,157
18	1,2	95	0,73	500	0,444	3200	0,254	17000	0,154
19	1,18	100	0,719	550	0,431	3400	0,25	18000	0,151
20	1,17	110	0,699	600	0,42	3600	0,245	19000	0,149
22	1,13	120	0,681	650	0,41	3800	0,242	20000	0,147
24	1,1	130	0,665	700	0,401	4000	0,238	22000	0,143
26	1,08	140	0,65	750	0,393	4200	0,234	24000	0,139
28	1,05	150	0,637	800	0,385	4400	0,231	26000	0,136
30	1,03	160	0,625	850	0,378	4600	0,228	28000	0,133
32	1,01	170	0,613	900	0,372	4800	0,225	30000	0,13
34	0,994	180	0,603	950	0,366	5000	0,222	32000	0,127
36	0,977	190	0,593	1000	0,36	5500	0,216	34000	0,125
38	0,961	200	0,584	1100	0,35	6000	0,211	36000	0,123
40	0,947	220	0,568	1200	0,341	6500	0,206	38000	0,121
42	0,933	240	0,553	1300	0,333	7000	0,201	40000	0,119
44	0,92	260	0,54	1400	0,326	7500	0,197	42000	0,117
46	0,908	280	0,528	1500	0,319	8000	0,193	44000	0,116
48	0,896	300	0,517	1600	0,313	8500	0,19	46000	0,114
50	0,885	320	0,507	1700	0,307	9000	0,186	50000	0,111

Wälzlager

Rillenkugellager, einreihig, Maße und Tragzahlen

d Wellendurchmesser
D Lageraußendurchmesser
B Lagerbreite
r_s Kantenabstand

C dynamische Tragzahl
C_0 statische Tragzahl

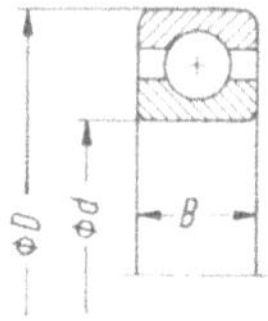

Maße in mm				Tragzahlen in kN		Kurzzeichen
d	*D*	*B*	$r_{s\,min}$	dyn. *C*	stat. C_0	
3	10	4	0,15	0,71	0,23	623
4	9	2,5	0,15	0,64	0,2	618/4
4	13	5	0,2	1,29	0,41	624
4	16	5	0,3	1,9	0,59	634
5	16	5	0,3	1,9	0,59	625
5	19	6	0,3	2,45	0,9	635
6	13	3,5	0,15	1,06	0,38	618/6
6	19	6	0,3	2,45	0,9	626
7	14	3,5	0,15	0,88	0,36	618/7
7	19	6	0,3	2,45	0,9	607
7	22	7	0,3	3,25	1,18	627
8	16	4	0,2	1,6	0,62	618/8
8	22	7	0,3	3,25	1,18	608
9	24	7	0,3	3,65	1,43	609
9	26	8	0,6	4,55	1,7	629
10	19	5	0,3	1,83	0,8	61800
10	26	8	0,3	4,55	1,7	6000
10	28	8	0,3	5	1,86	16100
10	30	9	0,6	6	2,24	6200
10	35	11	0,6	8,15	3	6300
12	21	5	0,3	1,93	0,9	61801
12	28	8	0,3	5,1	2,04	6001
12	30	8	0,3	5,6	2,24	16101
12	32	10	0,6	6,95	2,65	6201
12	37	12	1	9,65	3,65	6301
15	24	5	0,3	2,08	1,1	61802
15	32	8	0,3	5,6	2,36	16002
15	32	9	0,3	5,6	2,45	6002
15	35	11	0,6	7,8	3,25	6202
15	42	13	1	11,4	4,65	6302
17	26	5	0,3	2,24	1,27	61803
17	35	8	0,3	6,1	2,75	16003
17	35	10	0,3	6	2,8	6003
17	40	12	0,6	9,5	4,15	6203
17	47	14	1	13,4	5,6	6303
17	62	17	1,1	23,6	9,65	6403
20	32	7	0,3	3,45	1,96	61804
20	42	8	0,3	6,95	3,55	16004
20	42	12	0,6	9,3	4,4	6004
20	47	14	1	12,7	5,7	6204
20	52	15	1,1	17,3	7,35	6304
20	72	19	1,1	30,5	12,9	6404

Maße in mm				Tragzahlen in kN		Kurzzeichen
d	*D*	*B*	$r_{s\,min}$	dyn. *C*	stat. C_0	
25	37	7	0,3	3,8	2,45	61805
25	47	8	0,3	7,2	4,05	16005
25	47	12	0,6	10	5,1	6005
25	52	15	1	14,3	6,95	6205
25	62	17	1,1	22,4	10	6305
25	80	21	1,5	36	16,6	6405
30	42	7	0,3	4,15	2,9	61806
30	55	9	0,3	11,2	6,4	16006
30	55	13	1	12,7	6,95	6006
30	62	16	1	19,3	9,8	6206
30	72	19	1,1	29	14	6306
30	90	23	1,5	42,5	20	6406
35	47	7	0,3	4,3	3,25	61807
35	62	9	0,3	12,2	7,65	16007
35	62	14	1	16,3	9	6007
35	72	17	1,1	25,5	13,2	6207
35	80	21	1,5	33,5	16,6	6307
35	100	25	1,5	55	26,5	6407
40	52	7	0,3	4,65	3,8	61808
40	68	9	0,3	13,2	9	16008
40	68	15	1	17	10,2	6008
40	80	18	1,1	29	15,6	6208
40	90	23	1,5	42,5	21,6	6308
40	110	27	2	63	31,5	6408
45	58	7	0,3	6,4	5,1	61809
45	75	10	0,6	15,6	10,6	16009
45	75	16	1	20	12,5	6009
45	85	19	1,1	32,5	17,6	6209
45	100	25	1,5	53	27,5	6309
45	120	29	2	76,5	39	6409
50	65	7	0,3	6,8	5,7	61810
50	80	10	0,6	16	11,6	16010
50	80	16	1	20,8	13,7	6010
50	90	20	1,1	36,5	20,8	6210
50	110	27	2	62	32,5	6310
50	130	31	2,1	86,5	45	6410
55	72	9	0,3	9	7,65	61811
55	90	11	0,6	19,3	14,3	16011
55	90	18	1,1	28,5	18,6	6011
55	100	21	1,5	43	25,5	6211
55	120	29	2	76,5	40,5	6311
55	140	33	2,1	100	53	6411

Maße in mm				Tragzahlen in kN		Kurz-zeichen
d	D	B	$r_{s\,min}$	dyn. C	stat. C_0	
60	78	10	0,3	9,3	8,15	61812
60	95	11	0,6	20	15,3	16012
60	95	18	1,1	29	20	6012
60	110	22	1,5	52	31	6212
60	130	31	2,1	81,5	45	6312
60	150	35	2,1	110	60	6412
65	85	10	0,6	11,6	10	61813
65	100	11	0,6	21,2	17,3	16013
65	100	19	1,1	30,5	22	6013
65	120	23	1,5	60	36	6213
65	140	33	2,1	93	52	6313
65	160	37	2,1	118	68	6413
70	90	10	0,6	12,5	11,2	61814
70	110	13	0,6	28	22	16014
70	110	20	1,1	39	27,5	6014
70	125	24	1,5	62	38	6214
70	150	35	2,1	104	58,5	6314
70	180	42	3	143	88	6414
75	95	10	0,6	12,9	12	61815
75	115	13	0,6	28,5	23,2	16015
75	115	20	1,1	40	30	6015
75	130	25	1,5	65,5	42,5	6215
75	160	37	2,1	114	67	6315
75	190	45	3	153	98	6415
80	100	10	0,6	12,9	12,5	61816
80	125	14	0,6	32	27,5	16016
80	125	22	1,1	47,5	34,5	6016
80	140	26	2	72	45,5	6216
80	170	39	2,1	122	75	6316
80	200	48	3	163	108	6416
85	110	13	1	18,3	16,3	61817
85	130	14	0,6	34	29	16017
85	130	22	1,1	50	37,5	6017
85	150	28	2	83	55	6217
85	180	41	3	125	76,5	6317
85	210	52	4	173	118	6417
90	115	13	1	21,6	19,3	61818
90	140	16	1	41,5	34,5	16018
90	140	24	1,5	58,5	43	6018
90	160	30	2	96,5	62	6218
90	190	43	3	134	88	6318
90	225	54	4	196	140	6418
95	120	13	1	22	20,4	61819
95	145	16	1	40	35,5	16019
95	145	24	1,5	60	46,5	6019
95	170	32	2,1	108	71	6219
95	200	45	3	143	98	6319
100	125	13	1	23,6	22,8	61820
100	150	16	1	44	39	16020
100	150	24	1,5	60	47,5	6020
100	180	34	2,1	122	80	6220
100	215	47	3	163	116	6320

Maße in mm				Tragzahlen in kN		Kurz-zeichen
d	D	B	$r_{s\,min}$	dyn. C	stat. C_0	
105	160	18	1	54	46,5	16021
105	160	26	2	71	56	6021
105	190	36	2,1	132	90	6221
105	225	49	3	173	127	6321
110	140	16	1	24,5	24,5	61822
110	170	19	1	57	49	16022
110	170	28	2	80	62	6022
110	200	38	2,1	143	102	6222
110	240	50	3	190	143	6322
120	150	16	1	25	26	61824
120	180	19	1	61	56	16024
120	180	28	2	83	68	6024
120	215	40	2,1	146	108	6224
120	260	55	3	212	163	6324
130	165	18	1,1	32,5	34	61826
130	200	22	1,1	78	71	16026
130	200	33	2	104	86,5	6026
130	230	40	3	166	127	6226
130	280	58	4	228	186	6326
140	175	18	1,1	34	36,5	61828
140	210	22	1,1	80	76,5	16028
140	210	33	2	108	93	6028
140	250	42	3	176	143	6228
140	300	62	4	255	212	6328
150	190	20	1,1	42,5	44	61830
150	225	24	1,1	91,5	86,5	16030
150	225	35	2,1	122	108	6030
150	270	45	3	176	146	6230
150	320	65	4	285	260	6330
160	200	20	1,1	44	48	61832
160	240	25	1,5	102	100	16032
160	240	38	2,1	140	122	6032
160	290	48	3	200	176	6232
160	340	68	4	300	280	6332
170	215	22	1,1	54	58,5	61834
170	260	28	1,5	122	118	16034
170	260	42	2,1	170	150	6034
170	310	52	4	212	196	6234
170	360	72	4	325	315	6334
180	225	22	1,1	56	63	61836
180	280	31	2	140	129	16036
180	280	46	2,1	186	170	6036
180	320	52	4	224	212	6236
180	380	75	4	355	355	6336
190	240	24	1,5	67	73,5	61838
190	290	31	2	150	146	16038
190	290	46	2,1	196	186	6038
190	340	55	4	255	245	6238
190	400	78	5	375	380	6338
200	250	24	1,5	68	76,5	61840
200	310	34	2	170	166	16040
200	310	51	2,1	212	208	6040
200	360	58	4	270	270	6240

Sehragkugellager, zweireihig, äquivalente Belastung

dynamisch äquivalente Lagerbelastung P	für Druckwinkel $\alpha = 25°$ (Standardausführung B): $P = F_r + 0{,}92\,F_a$ für $\frac{F_a}{F_r} \le 0{,}68$ F_r Radialkraft, F_a Axialkraft $P = 0{,}67\,F_r + 1{,}41\,F_a$ für $\frac{F_a}{F_r} > 0{,}68$	
	für Druckwinkel $\alpha = 35°$: $P = F_r + 0{,}66\,F_a$ für $\frac{F_a}{F_r} \le 0{,}95$ $P = 0{,}6\,F_r + 1{,}07\,F_a$ für $\frac{F_a}{F_r} > 0{,}95$	
statisch äquivalente Lagerbelastung P_0	für Druckwinkel $\alpha = 25°$: $P_0 = F_r + 0{,}76\,F_a$	für Druckwinkel $\alpha = 35°$: $P_0 = F_r + 0{,}58\,F_a$

Schrägkugellager, zweireihig, Maße und Tragzahlen

d Wellendurchmesser
D Lageraußendurchmesser
B Lagerbreite
r_s Kantenabstand

C dynamische Tragzahl
C_0 statische Tragzahl

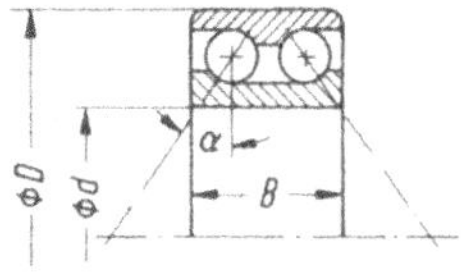

Maße in mm d	D	B	$r_{s\,min}$	Tragzahlen in kN dyn. C	stat. C_0	Kurz-zeichen	Maße in mm d	D	B	$r_{s\,min}$	Tragzahlen in kN dyn. C	stat. C_0	Kurz-zeichen
10	30	14	0,6	7,8	3,9	3200B	60	110	36,5	1,5	69,5	72	3212
12	32	15,9	0,6	10,6	5,1	3201B	60	130	54	2,1	114	112	3312
15	35	15,9	0,6	11,8	6,1	3202B	65	120	38,1	1,5	73,5	83	3213
15	42	19	1	16,3	8,65	3302B	65	140	58,7	2,1	129	129	3313
17	40	17,5	0,6	14,6	7,8	3203B	70	125	39,7	1,5	81,5	91,5	3214
17	47	22,2	1	20,8	10,6	3303B	70	150	63,5	2,1	143	146	3314
20	47	20,6	1	19,6	10,8	3204B	75	130	41,3	1,5	85	98	3215
20	52	22,2	1,1	23,2	12,9	3304B	75	160	68,3	2,1	163	166	3315
25	52	20,6	1	21,2	12,7	3205B	80	140	44,4	2	95	110	3216
25	62	25,4	1,1	30	17,3	3305B	80	170	68,3	2,1	176	186	3316
30	62	23,8	1	30	18,3	3206B	85	150	49,2	2	112	132	3217
30	72	30,2	1,1	41,5	24,5	3306B	85	180	73	3	190	200	3317
35	72	27	1,1	39	25	3207B	90	160	52,4	2	125	146	3218
35	80	34,9	1,5	51	30	3307B	90	190	73	3	216	240	3318
40	80	30,2	1,1	48	31,5	3208B	95	170	55,6	2,1	140	163	3219
40	90	36,5	1,5	62	39	3308B	95	200	77,8	3	220	245	3319
45	85	30,2	1,1	48	32	3209B	100	180	60,3	2,1	160	196	3220
45	100	39,7	1,5	71	67	3309	100	215	82,6	3	240	280	3320
50	90	30,2	1,1	51	36,5	3210B	105	190	65,1	2,1	176	208	3221
55	100	33,3	1,5	54	58,5	3211	110	200	69,8	2,1	190	228	3222
55	120	49,2	2	98	95	3311	110	240	92,1	3	280	345	3322

Pendelkugellager, äquivalente Belastung

dynamisch äquivalente Lagerbelastung P	$P = F_r + Y F_a$	für $\frac{F_a}{F_r} \leq e$	F_r Radialkraft F_a Axialkraft
	$P = 0{,}65\, F_r + Y F_a$	für $\frac{F_a}{F_r} > e$	Y, Y_0 Axialfaktoren e siehe Tabelle
statisch äquivalente Lagerbelastung P_0	$P_0 = F_r + Y_0 F_a$		

Pendelkugellager, Maße, Tragzahlen und Faktoren

d Wellendurchmesser
D Lageraußendurchmesser
B Lagerbreite
r_s Kantenabstand

C dynamische Tragzahl
C_0 statische Tragzahl
Y, Y_0 Axialfaktoren

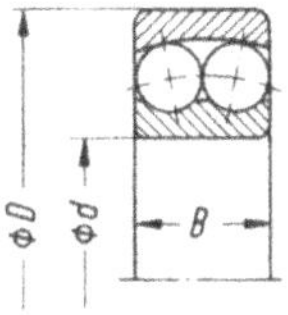

Maße in mm				Tragzahlen C, C_0 in kN und Faktoren: dynamische		$\frac{F_a}{F_r} \leq e$	$\frac{F_a}{F_r} > e$	statische		Kurzzeichen
d	D	B	$r_{s\,min}$	C	e	Y	Y	C_0	Y_0	
5	19	6	0,3	2,5	0,35	1,8	2,8	0,62	1,9	135
6	19	6	0,3	2,5	0,35	1,8	2,8	0,62	1,9	126
7	22	7	0,3	2,65	0,33	1,9	3	0,73	2	127
8	22	7	0,3	2,65	0,33	1,9	3	0,73	2	128
9	26	8	0,6	3,8	0,32	2	3	1,06	2,1	129
10	30	9	0,6	5,5	0,32	2	3	1,53	2,1	1200
10	30	14	0,6	7,2	0,66	1	1,5	2,04	1	2200
10	35	11	0,6	7,2	0,34	1,9	2,9	2,08	1,9	1300
12	32	10	0,6	5,6	0,37	1,7	2,6	1,66	1,8	1201
12	32	14	0,6	7,5	0,58	1,1	1,7	2,24	1,1	2201
12	37	12	1	9,5	0,35	1,8	2,8	2,8	1,9	1301
15	35	11	0,6	7,5	0,34	1,9	2,9	2,28	1,9	1202
15	35	14	0,6	7,65	0,51	1,2	1,9	2,4	1,3	2202
15	42	13	1	9,5	0,35	1,8	2,8	3	1,9	1302
15	42	17	1	12	0,51	1,2	1,9	3,75	1,3	2302
17	40	12	0,6	8	0,33	1,9	3	2,65	2	1203
17	40	16	0,6	9,8	0,51	1,2	1,9	3,15	1,3	2203
17	47	14	1	12,5	0,32	2	3	4,15	2,1	1303
17	47	19	1	14,3	0,53	1,2	1,8	4,55	1,2	2303
20	47	14	1	10	0,28	2,2	3,5	3,45	2,4	1204
20	47	18	1	12,5	0,5	1,3	2	4,3	1,3	2204
20	52	15	1,1	12,5	0,29	2,2	3,4	4,4	2,3	1304
20	52	21	1,1	18	0,51	1,2	1,9	6,1	1,3	2304
25	52	15	1	12,2	0,27	2,3	3,6	4,4	2,4	1205
25	52	18	1	12,5	0,44	1,4	2,2	4,65	1,5	2205
25	62	17	1,1	18	0,28	2,2	3,5	6,7	2,4	1305
25	62	24	1,1	24,5	0,48	1,3	2	8,5	1,4	2305
30	62	16	1	15,6	0,25	2,5	3,9	6,2	2,6	1206
30	62	20	1	15,3	0,4	1,6	2,4	6,1	1,6	2206
30	72	19	1,1	21,2	0,26	2,4	3,7	8,5	2,5	1306
30	72	27	1,1	31,5	0,45	1,4	2,2	11,4	1,7	2306
35	72	17	1,1	16	0,22	2,9	4,4	6,95	3	1207
35	72	23	1,1	21,6	0,37	1,7	2,6	8,8	1,8	2207
35	80	21	1,5	25	0,26	2,4	3,7	10,6	2,5	1307
35	80	31	1,5	39	0,47	1,3	2,1	14,6	1,4	2307

Maße in mm				Tragzahlen C, C_0 in kN und Faktoren						Kurz-zeichen
				dynamische		$\frac{F_a}{F_r} \le e$	$\frac{F_a}{F_r} > e$	statische		
d	D	B	$r_{s\,min}$	C	e	Y	Y	C_0	Y_0	
40	80	18	1,1	19,3	0,22	2,9	4,4	8,8	3	1208
40	80	23	1,1	22,4	0,34	1,9	2,9	10	1,9	2208
40	90	23	1,5	29	0,25	2,5	3,9	12,9	2,6	1308
40	90	33	1,5	45	0,43	1,5	2,3	17,6	1,5	2308
45	85	19	1,1	22	0,21	3	4,6	10	3,1	1209
45	85	23	1,1	23,2	0,31	2	3,1	11	2,1	2209
45	100	25	1,5	38	0,25	2,5	3,9	17	2,6	1309
45	100	36	1,5	54	0,43	1,5	2,3	22	1,5	2309
50	90	20	1,1	22,8	0,2	3,1	4,9	11	3,3	1210
50	90	23	1,1	23,2	0,29	2,2	3,4	11,6	2,3	2210
50	110	27	2	41,5	0,24	2,6	4,1	19,3	2,7	1310
50	110	40	2	64	0,43	1,5	2,3	26,5	1,5	2310
55	100	21	1,5	27	0,19	3,3	5,1	13,7	3,5	1211
55	100	25	1,5	26,5	0,28	2,2	3,5	13,4	2,4	2211
55	120	29	2	51	0,24	2,6	4,1	24	2,7	1311
55	120	43	2	75	0,42	1,5	2,3	31,5	1,6	2311
60	110	22	1,5	30	0,18	3,5	5,4	16	3,7	1212
60	110	28	1,5	34	0,29	2,2	3,4	17,3	2,3	2212
60	130	31	2,1	57	0,23	2,7	4,2	28	2,9	1312
60	130	46	2,1	86,5	0,41	1,5	2,4	37,5	1,6	2312
65	120	23	1,5	31	0,18	3,5	5,4	17,3	3,7	1213
65	120	31	1,5	44	0,29	2,2	3,4	22,4	2,3	2213
65	140	33	2,1	62	0,23	2,7	4,2	31	2,9	1313
65	140	48	2,1	95	0,39	1,6	2,5	43	1,7	2313
70	125	24	1,5	34,5	0,19	3,3	5,1	19	3,5	1214
70	125	31	1,5	44	0,27	2,3	3,6	23,2	2,4	2214
70	150	35	2,1	75	0,23	2,7	4,2	37,5	2,9	1314
70	150	51	2,1	110	0,38	1,7	2,6	50	1,7	2314
75	130	25	1,5	39	0,17	3,7	5,7	21,6	3,9	1215
75	130	31	1,5	44	0,26	2,4	3,7	24,5	2,5	2215
75	160	37	2,1	80	0,23	2,7	4,2	40,5	2,9	1315
75	160	55	2,1	122	0,38	1,7	2,6	56	1,7	2315
80	140	26	2	40	0,16	3,9	6,1	23,6	4,1	1216
80	140	33	2	51	0,25	2,5	3,9	28,5	2,6	2216
80	170	39	2,1	88	0,22	2,9	4,4	45	3	1316
80	170	58	2,1	137	0,37	1,7	2,6	64	1,8	2316
85	150	28	2	49	0,17	3,7	5,7	28,5	3,9	1217
85	150	36	2	58,5	0,26	2,4	3,8	32	2,5	2217
85	180	41	3	98	0,22	2,9	4,4	51	3	1317
85	180	60	3	140	0,37	1,7	2,6	68	1,8	2317
90	160	30	2	57	0,17	3,7	5,7	32	3,9	1218
90	160	40	2	71	0,27	2,3	3,6	39	2,4	2218
90	190	43	3	108	0,22	2,9	4,4	58,5	3	1318
90	190	65	3	153	0,39	1,6	2,5	76,5	1,7	2318
100	180	34	2,1	69,5	0,18	3,5	5,4	41,5	3,7	1220
100	180	46	2,1	98	0,27	2,3	3,6	55	2,4	2220
100	215	47	3	143	0,23	2,7	4,2	76,5	2,9	1320
100	215	73	3	193	0,38	1,7	2,6	104	1,7	2320
110	200	38	2,1	88	0,17	3,7	5,7	53	3,9	1222
120	215	42	2,1	120	0,2	3,2	4,9	72	3,3	1224
130	230	46	3	125	0,19	3,3	5,1	76,5	3,5	1226
140	250	50	3	163	0,21	3	4,6	100	3,1	1228
150	270	54	3	183	0,22	2,9	4,4	118	3	1230

Zylinderrollenlager, äquivalente Belastung

dynamisch äquivalente Lagerbelastung P	$P = F_r$	F_r	Radialkraft
statisch äquivalente Lagerbelastung P_0	$P_0 = F_r$		

Zylinderrollenlager, einreihig, Maße und Tragzahlen

d Wellendurchmesser
D Lageraußendurchmesser
B Lagerbreite
C dynamische Tragzahl
C_0 statische Tragzahl

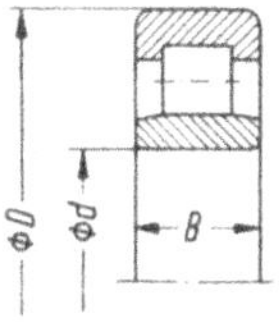

Maße in mm			Tragzahlen in kN		Kurzzeichen	Maße in mm			Tragzahlen in kN		Kurzzeichen
			dyn.	stat.					dyn.	stat.	
d	*D*	*B*	*C*	C_0		*d*	*D*	*B*	*C*	C_0	
15	35	11	9	6,95	NU202	70	125	24	120	137	NU214E
17	40	12	17,6	14,6	NU203E	70	150	35	204	220	NU314E
17	47	14	25,5	21,2	NU303E	70	180	42	224	232	NU414
20	47	14	27,5	24,5	NU204E	75	130	25	132	156	NU215E
20	52	15	31,5	27	NU304E	75	160	37	240	265	NU315E
25	52	15	29	27,5	NU205E	75	190	45	260	270	NU415
25	62	17	41,5	37,5	NU305E	80	140	26	140	170	NU216E
25	80	21	52	46,5	NU405	80	170	39	255	275	NU316E
30	62	16	39	37,5	NU206E	80	200	48	300	310	NU416
30	72	19	51	48	NU306E	85	150	28	163	193	NU217E
30	90	23	71	64	NU406	85	180	41	290	325	NU317E
35	72	17	50	50	NU207E	85	210	52	335	355	NU417
35	80	21	64	63	NU307E	90	160	30	183	216	NU218E
35	100	25	75	69,5	NU407	90	190	43	315	345	NU318E
40	80	18	53	53	NU208E	90	225	54	365	390	NU418
40	90	23	81,5	78	NU308E	95	170	32	220	265	NU219E
40	110	27	93	86,5	NU408	95	200	45	335	380	NU319E
45	85	19	64	68	NU209E	95	240	55	390	430	NU419
45	100	25	98	100	NU309E	100	180	34	250	305	NU220E
45	120	29	106	100	NU409	100	215	47	380	425	NU320E
50	90	20	64	68	NU210E	100	250	58	440	490	NU420
50	110	27	110	114	NU310E	110	200	38	290	365	NU222E
50	130	31	129	124	NU410	110	240	50	440	510	NU322E
55	100	21	83	95	NU211E	110	280	65	540	610	NU422
55	120	29	134	140	NU311E	120	215	40	335	415	NU224E
55	140	33	140	137	NU411	120	260	55	520	600	NU324E
60	110	22	95	104	NU212E	120	310	72	670	780	NU424
60	130	31	150	156	NU312E	130	230	40	360	450	NU226E
60	150	35	166	170	NU412	130	280	58	610	720	NU326E
65	120	23	108	120	NU213E	130	340	78	815	930	NU426
65	140	33	180	190	NU313E						
65	160	37	183	186	NU413						

Wälzlager

Kegelrollenlager, einreihig, äquivalente Belastung				
dynamisch äquivalente Lagerbelastung P	$P = F_r$	für $\frac{F_a}{F_r} \le e$	F_r	Radialkraft
	$P = 0{,}4\,F_r + Y\,F_a$	für $\frac{F_a}{F_r} > e$	F_a	Axialkraft
statisch äquivalente Lagerbelastung P_0	$P_0 = F_r$	für $\frac{F_a}{F_r} \le \frac{1}{2Y_0}$	Y, Y_0	Axialfaktoren
	$P_0 = 0{,}5\,F_r + Y_0\,F_a$	für $\frac{F_a}{F_r} > \frac{1}{2Y_0}$		

Kegelrollenlager, einreihig, Maße, Tragzahlen und Faktoren

d Wellendurchmesser
D Lageraußendurchmesser
B_i Breite des Innenrings
B_a Breite des Außenrings
B Lagerbreite

C dynamische Tragzahl
C_0 statische Tragzahl
Y, Y_0 Axialfaktoren

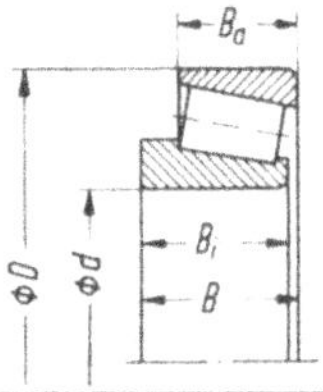

Maße in mm					Tragzahlen in kN und Faktoren					Kurzzeichen
					dynamische			statische		
d	D	B_i	B		C	e	Y	C_0	Y_0	
15	35	11	10	11,75	12	0,46	1,3	12	0,7	30202
20	47	14	12	15,25	26,5	0,35	1,7	29	0,9	30204A
25	47	15	11,5	15	25	0,43	1,4	34,5	0,8	32005X
30	55	17	13	17	36	0,43	1,4	46,5	0,8	32006X
35	62	18	14	18	36	0,42	1,4	50	0,8	32007XA
40	68	19	14,5	19	50	0,38	1,6	69,5	0,9	32008XA
45	75	20	15,5	20	57	0,39	1,5	85	0,8	32009XA
50	80	20	15,5	20	58,5	0,42	1,4	93	0,8	32010X
55	90	23	17,5	23	75	0,41	1,5	118	0,8	32011X
60	95	23	17,5	23	76,5	0,43	1,4	122	0,8	32012X
65	100	23	17,5	23	78	0,46	1,3	127	0,7	32013X
70	110	25	19	25	98	0,43	1,4	160	0,8	32014X
75	115	25	19	25	100	0,46	1,3	166	0,7	32015X
80	125	29	22	29	129	0,42	1,4	212	0,8	32016X
85	130	29	22	29	134	0,44	1,4	228	0,7	32017X
90	140	32	24	32	156	0,42	1,4	260	0,8	32018XA
95	145	32	24	32	163	0,44	1,4	280	0,7	32019XA
100	150	32	24	32	166	0,46	1,3	290	0,7	32020X
105	160	35	26	35	193	0,44	1,4	335	0,7	32021X
110	170	38	29	38	228	0,43	1,4	390	0,8	32022X
120	180	38	29	38	236	0,46	1,3	425	0,7	32024X
130	200	45	34	45	315	0,43	1,4	570	0,8	32026X
140	210	45	34	45	325	0,46	1,3	610	0,7	32028X
150	225	48	36	48	365	0,46	1,3	695	0,7	32030X

Axial-Rillenkugellager, einseitig wirkend

d Wellendurchmesser
D Lageraußendurchmesser
H Lagerbreite
C dynamische Tragzahl
C_0 statische Tragzahl

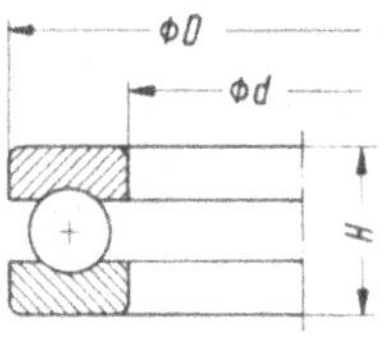

Anmerkung: Die dynamisch und die statisch äquivalente Belastung ist gleich der Axialkraft:

$P = F_a$ und $P_0 = F_a$

Maße in mm			Tragzahlen in kN		Kurz-zeichen	Maße in mm			Tragzahlen in kN		Kurz-zeichen
			dyn.	stat.					dyn.	stat.	
d	*D*	*H*	*C*	C_0		*d*	*D*	*H*	*C*	C_0	
10	24	9	10	11,8	51100	65	90	18	38	85	51113
10	26	11	12,7	14,3	51200	65	100	27	64	125	51213
12	26	9	10,4	12,9	51101	65	115	36	106	186	51313
12	28	11	13,2	16	51201	65	140	56	224	390	51413
15	28	9	10,6	14	51102	70	95	18	40	93	51114
15	32	12	16,6	20,8	51202	70	105	27	65,5	134	51214
17	30	9	11,4	16,6	51103	70	125	40	137	250	51314
17	35	12	17,3	23,2	51203	70	150	60	240	440	51414
20	35	10	15	22,4	51104	75	100	19	44	104	51115
20	40	14	22,4	32	51204	75	110	27	67	143	51215
25	42	11	18	30	51105	75	135	44	163	300	51315
25	47	15	28	42,5	51205	75	160	65	265	510	51415
25	52	18	34,5	46,5	51305	80	105	19	45	108	51116
25	60	24	45,5	57	51405	80	115	28	75	160	51216
						80	140	44	160	300	51316
30	47	11	19	33,5	51106	80	170	68	275	550	51416
30	52	16	25,5	40	51206X						
30	60	21	38	55	51306	85	110	19	45,5	114	51117
30	70	28	69,5	95	51406	85	125	31	98	212	51217
35	52	12	20	39	51107X	85	150	49	190	360	51317
35	62	18	35,5	57	51207	85	177	72	320	655	51417
35	68	24	50	75	51307	90	120	22	45,5	118	51118
35	80	32	76,5	106	51407	90	135	35	120	255	51218
40	60	13	27	53	51108	90	155	50	196	390	51318
40	68	19	46,5	83	51208	90	187	77	325	695	51418
40	78	26	61	95	51308	100	135	25	61	160	51120
40	90	36	96,5	143	51408	100	150	38	122	270	51220
45	65	14	28	58,5	51109	100	170	55	232	475	51320
45	73	20	39	67	51209	100	205	85	400	915	51420
45	85	28	75	118	51309	110	145	25	65,5	186	51122
45	100	39	122	186	51409	110	160	38	129	305	51222
50	70	14	29	64	51110	110	187	63	275	610	51322
50	78	22	50	90	51210	110	225	95	465	1120	51422
50	95	31	88	146	51310	120	155	25	65,5	193	51124
50	110	43	137	216	51410	120	170	39	140	335	51224
55	78	16	30,5	63	51111	120	205	70	325	765	51324
55	90	25	61	114	51211	120	245	102	520	1320	51424
55	105	35	102	176	51311	130	170	30	90	255	51126
55	120	48	166	265	51411	130	187	45	183	455	51226
60	85	17	41,5	95	51112	130	220	75	360	880	51326
60	95	26	62	118	51212	130	265	110	570	1400	51426
60	110	35	102	176	51312	140	178	31	98	285	51128
60	130	51	200	325	51412	140	197	46	190	475	51228
						140	235	80	400	1020	51328
						140	275	112	585	1560	51428

Wälzlager

Axialrillenkugellager, zweiseitig wirkend

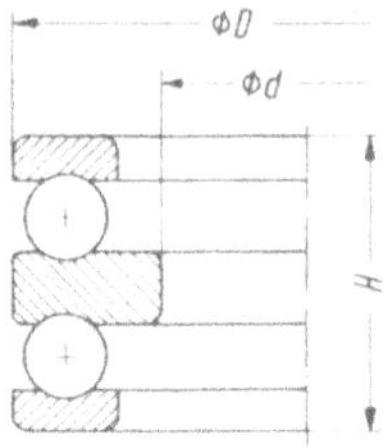

d Wellendurchmesser

D Lageraußendurchmesser

H Lagerhöhe

C dynamische Tragzahl

C_0 statische Tragzahl

Anmerkung: Die dynamisch und die statisch äquivalente Belastung ist gleich der Axialkraft:

$P = F_a$ und $P_0 = F_a$

Maße in mm			Tragzahlen in kN		Kurz-zeichen	Maße in mm			Tragzahlen in kN dyn		Kurz-zeichen
d	*D*	*H*	dyn. *C*	stat. C_0		*d*	*D*	*H*	dyn. *C*	stat. C_0	
10	32	22	16,6	20,8	52202	55	100	47	64	125	52213
15	40	26	22,4	32	52204	55	115	65	106	186	52313
15	60	45	45,5	57	52405	55	105	47	65,5	134	52214
20	47	28	28	42,5	52205	55	125	72	137	250	52314
20	52	34	34,5	46,5	52305	55	150	107	240	440	52414
20	70	52	69,5	95	52406	60	110	47	67	143	52215
25	52	29	25,5	40	52206X	60	135	79	163	300	52315
25	60	38	38	55	52306	60	160	115	265	510	52415
25	80	59	76,5	106	52407	65	115	48	75	160	52216
30	62	34	35,5	57	52207	65	140	79	160	300	52316
30	68	44	50	75	52307	65	170	120	275	550	52416
30	68	36	46,5	83	52208	70	125	55	98	212	52217
30	78	49	61	95	52308	70	150	87	190	360	52217
30	90	65	96,5	143	52408	70	180	135	325	695	52418
35	73	37	39	67	52209	75	135	62	120	255	52218
35	85	52	75	118	52309	75	155	88	196	390	52318
35	100	72	122	186	52409	80	210	150	400	915	52420
40	78	39	50	90	52210	85	150	67	122	270	52220
40	95	58	88	146	52310	85	170	97	232	475	52320
40	110	78	137	216	52410	95	160	67	129	305	52222
45	90	45	61	114	52211	95	190	110	275	610	52322
45	105	64	102	176	52311	100	170	68	140	335	52224
45	120	87	166	265	52411	100	210	123	325	765	52324
50	95	46	62	118	52212	110	190	80	183	455	52226
50	110	64	102	176	52312	110	225	130	360	880	52326
50	130	93	200	325	52412						

Umrechnungsbeziehungen für gesetzliche Einheiten

Größe	Gesetzliche Einheit Name und Einheitenzeichen	Gesetzliche Einheit ausgedrückt als Potenzprodukt der Basiseinheiten	Früher gebräuchliche Einheit (nicht mehr zulässig) und Umrechnungsbeziehung
Kraft F	Newton N	$1\ \mathrm{N} = 1\ \mathrm{m\ kg\ s^{-2}}$	Kilopond kp $1\ \mathrm{kp} = 9{,}80665\ \mathrm{N} \approx 10\ \mathrm{N}$ $1\ \mathrm{kp} \approx 1\ \mathrm{daN}$
Druck p	$\frac{\text{Newton}}{\text{Quadratmeter}}\ \frac{\mathrm{N}}{\mathrm{m^2}}$ $1\frac{\mathrm{N}}{\mathrm{m^2}} = 1$ Pascal Pa $1\ \mathrm{bar} = 10^5\ \mathrm{Pa}$	$1\frac{\mathrm{N}}{\mathrm{m^2}} = 1\ \mathrm{m^{-1}\ kg}\ s^{-2}$	Meter Wassersäule mWS $1\ \mathrm{mWS} = 9{,}806\ 65 \cdot 10^3\ \mathrm{Pa}$ $1\ \mathrm{mWS} \approx 0{,}1\ \mathrm{bar}$ Millimeter Wassersäule mm WS $1\ \mathrm{mm\ WS} \approx 9{,}80665\ \frac{\mathrm{N}}{\mathrm{m^2}} \approx 10\ \mathrm{Pa}$ Millimeter Quecksilbersäule mm Hg $1\ \mathrm{mmHg} = 133{,}3224\ \mathrm{Pa}$ Torr $1\ \mathrm{Torr} = 133{,}3224\ \mathrm{Pa}$ Technische Atmosphäre at $1\ \mathrm{at} = 1\ \frac{\mathrm{kp}}{\mathrm{cm^2}} = 9{,}80665\ –10^4\ \mathrm{Pa}$ $1\ \mathrm{at} \approx 1\ \mathrm{bar}$ Physikal. Atmosphäre atm $1\mathrm{atm} = 1{,}01325–10^5\ \mathrm{Pa} \approx 1{,}01\ \mathrm{bar}$
Die gebräuchlichsten Vorsätze und deren Kurzzeichen	für das Millionenfache (10^6 fache) der Einheit: für das Tausendfache (10^3 fache) der Einheit: für das Zehnfache (10 fache) der Einheit: für das Hundertstel (10^{-2} fache) der Einheit: für das Tausendstel (10^{-3} fache) der Einheit: für das Millionstel (10^{-6} fache) der Einheit:	Mega M Kilo k Deka da Zenti c Milli m Mikro µ	
Mechanische Spannung σ, τ, ebenso Festigkeit, Flächenpressung, Lochleibungsdruck	$\frac{\text{Newton}}{\text{Quadratmillimeter}}$ $\frac{\mathrm{N}}{\mathrm{mm^2}}$ $1\frac{\mathrm{N}}{\mathrm{mm^2}} = 10^6\ \frac{\mathrm{N}}{\mathrm{m^2}} = 10^6\ \mathrm{Pa}$ $= 1\mathrm{MPa} = 10\ \mathrm{bar}$	$1\frac{\mathrm{N}}{\mathrm{mm^2}} = 10^6\ \mathrm{m^{-1}\ kg\ s^{-2}}$	$\frac{\mathrm{kp}}{\mathrm{mm^2}}$ und $\frac{\mathrm{kp}}{\mathrm{cm^2}}$ $1\frac{\mathrm{kp}}{\mathrm{mm^2}} = 9{,}80665\frac{\mathrm{N}}{\mathrm{mm^2}} \approx 10\frac{\mathrm{N}}{\mathrm{mm^2}}$ $1\frac{\mathrm{kp}}{\mathrm{cm^2}} = 0{,}0980665\frac{\mathrm{N}}{\mathrm{mm^2}} \approx 0{,}1\frac{\mathrm{N}}{\mathrm{mm^2}}$
Drehmoment M, Biegemoment M_b, Torsionsmoment T	Newtonmeter Nm	$1\ \mathrm{Nm} = 1\mathrm{m^2\ kg\ s^{-2}}$	Kilopondmeter kpm $1\ \mathrm{kpm} = 9{,}80665\ \mathrm{Nm} \approx 10\ \mathrm{Nm}$ Kilopondzentimeter kpcm $1\ \mathrm{kpcm} = 0{,}0980665\ \mathrm{Nm} \approx 0{,}1\ \mathrm{Nm}$
Arbeit W Energie E	Joule J $1\ \mathrm{J} = 1\ \mathrm{Nm} = 1\ \mathrm{Ws}$	$1\ \mathrm{J} = 1\ \mathrm{Nm} = 1\mathrm{m^2\ kg\ s^{-2}}$	Kilopondmeter kpm $1\ \mathrm{kpm} = 9{,}80665\ \mathrm{J} \approx 10\ \mathrm{J}$
Leistung P	Watt W $1\mathrm{W} = 1\ \frac{\mathrm{J}}{\mathrm{s}} = 1\frac{\mathrm{Nm}}{\mathrm{s}}$	$1\ \mathrm{W} = 1\mathrm{m^2\ kg\ s^{-3}}$	$\frac{\text{Kilopondmeter}}{\text{Sekunde}}\ \frac{\mathrm{kpm}}{\mathrm{s}}$ $1\frac{\mathrm{kpm}}{\mathrm{s}} = 9{,}80665\ \mathrm{W} \approx 10\ \mathrm{W}$ Pferdestärke PS $1\ \mathrm{PS} = 75\ \frac{\mathrm{kpm}}{\mathrm{s}} = 735{,}49875\ \mathrm{W}$

Größe	Gesetzliche Einheit		Früher gebräuchliche Einheit (nicht mehr zulässig) und Umrechnungsbeziehung
	Name und Einheitenzeichen	ausgedrückt als Potenzprodukt der Basiseinheiten	
Impuls $F\Delta t$	Newtonsekunde Ns $1\text{Ns} = 1\,\frac{\text{kgm}}{\text{s}}$	$1\text{ Ns} = 1\text{ m kg s}^{-1}$	Kilopondsekunde kps $1\text{ kps} = 9{,}80665\text{ Ns} \approx 10\text{ Ns}$
Drehimpuls $M\,\Delta t$	Newtonmetersekunde Nms $1\text{ Nms} = 1\,\frac{\text{kgm}^2}{\text{s}}$	$1\text{ Nms} = 1\text{ m}^2\text{ kgs}^{-1}$	Kilopondmetersekunde kpms $1\text{ kpms} = 9{,}80665\text{ Nms} \approx 10\text{ Nms}$
Trägheitsmoment J	Kilogrammmeterquadrat kgm^2	$1\text{m}^2\text{ kg}$	Kilopondmetersekundequadrat kpms^2 $1\text{ kpms}^2 = 9{,}80665\text{ kgm}^2 \approx 10\text{ kgm}^2$
Wärme, Wärmemenge Q	Joule J $1\text{ J} = 1\text{ Nm} = 1\text{ Ws}$	$1\text{ J} = 1\text{ Nm} = 1\text{ m}^2\text{ kgs}^{-2}$	Kalorie cal $1\text{ cal} = 4{,}1868\text{ J}$ Kilokalorie kcal $1\text{ kcal} = 4\,186{,}8\text{ J}$
Temperatur T	Kelvin K	Basiseinheit Kelvin K	Grad Kelvin °K 1 °K = 1 K
Temperaturintervall ΔT	Kelvin K und Grad Celsius °C	Basiseinheit Kelvin K	Grad grd 1 grd = 1 K = 1 °C
Längenausdehnungskoeffizient α_l	Eins durch Kelvin $\frac{1}{\text{K}}$	$\frac{1}{\text{K}} = \text{K}^{-1}$	$\frac{1}{\text{grd}}, \frac{1}{°\text{C}}$ $\frac{1}{\text{grd}} = \frac{1}{°\text{C}} = \frac{1}{\text{K}}$

Die Basiseinheiten und Basisgrößen des Internationalen Einheitensystems

Meter m	für Basisgröße Länge	Kelvin K	für Basisgröße Temperatur
Kilogramm kg	für Basisgröße Masse	Candela cd	für Basisgröße Lichtstärke
Sekunde s	für Basisgröße Zeit	Mol mol	für Basisgröße Stoffmenge
Ampere A	für Basisgröße Stromstärke		

Das griechische Alphabet

Alpha	Α	α	Jota	Ι	ι	Rho	Ρ	ρ
Beta	Β	β	Kappa	Κ	κ	Sigma	Σ	σ
Gamma	Γ	γ	Lambda	Λ	λ	Tau	Τ	τ
Delta	Δ	δ	My	Μ	μ	Ypsilon	Υ	ν
Epsilon	Ε	ε	Ny	Ν	ν	Phi	Φ	φ
Zeta	Ζ	ζ	Xi	Ξ	ξ	Chi	Χ	χ
Eta	Η	η	Omikron	Ο	ο	Psi	Ψ	ψ
Theta	Θ	υ	Pi	Π	π	Omega	Ω	ω

Printed in the United States
By Bookmasters